ぐるぐるめぐる
水のサイクルを知って
地球環境を学ぶ

水の一生図鑑

国立科学博物館 顧問
林 良博 監修
片神貴子 訳
子供の科学 編

誠文堂新光社

●監修
林 良博（国立科学博物館顧問）
国立科学博物館前館長、東京大学名誉教授。1946年7月広島県生まれ。東京大学農学部教授、農学部長、総合研究博物館長、理事・副学長を歴任。山階鳥類研究所前所長、兵庫県森林動物研究センター名誉所長。『調べる学習百科 くらべてわかる！イヌとネコ』（岩崎書店）、『自然の一生図鑑』（誠文堂新光社）、『世界655種 鳥と卵と巣の大図鑑』（ブックマン社）ほか監修本多数。

●翻訳
片神貴子
奈良女子大学理学部物理学科卒業。雑誌翻訳にサイエンス誌、ナショナル ジオグラフィック誌、訳書に『絵でさぐる音・光・宇宙』（岩崎書店）、『地球環境博士になれるピクチャーブック1〜3』（合同出版）など、共著書に『変身のなぞ　化学のスター！』（玉川大学出版部）がある。科学読物研究会会員。

●翻訳協力　株式会社トランネット　https://www.trannet.co.jp/
●日本語版制作　SPAIS（熊谷昭典）
●日本語版校正　佑文社　　土屋香（P16-17, P74-77, P110-111）

水の一生図鑑
ぐるぐるめぐる水のサイクルを知って地球環境を学ぶ

2024年11月20日　発　行　　NDC400

監修者　林　良博
編　者　子供の科学編集部
発行者　小川雄一
発行所　株式会社 誠文堂新光社
〒113-0033 東京都文京区本郷 3-3-11
（編集）電話 03-5805-7762
（販売）電話 03-5800-5780
https://www.seibundo-shinkosha.net/

検印省略

ISBN978-4-416-72350-0

Original Title: Water Cycles

A Penguin Random House Company

Japanese translation rights arranged with
Dorling Kindersley Limited,London
through Fortuna Co., Ltd. Tokyo.
For sale in Japanese territory only.

Printed and bound in China

www.dk.com

Water Cycles

The source of life
from start to finish

もくじ

6 水って、なんだろう?

8 水はどこにある?

10 水といろいろなサイクル

地球の水

14 水の力

16 現れては消える海

18 雲

20 雲の種類

22 台風

24 雪の結晶

26 川

28 滝

30 地下水

32 温泉

34 洞窟

36 火山島

38 氷河

40 表層の海流

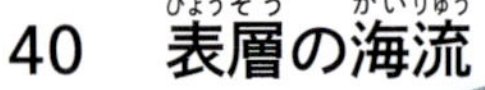

42 深層の海流

44 海の波

46 変化する海岸線

48 潮の満ち引き

50 深海のえんとつ

水を利用する

54 細胞の中の水

56 植物の中の水

58 水を利用した食事

60 人間の中の水

62 脱水状態を乗りこえる

64 水を集める

66 のどがかわく

水に住む生き物

70 水の中の暮らし

72 海のさまざまな環境

74 水に住む生き物の歴史

78 クラゲ

80 寄生虫のなかま

82 タマキビ

84 ミジンコ

86 タカアシガニ

88 カゲロウ

90 ヒトデ

92 マナティー

94 シャチ

96 ゾウアザラシ

98 ウミスズメ

100 サメ

102 ウナギ

104 テトラ

106 カクレクマノミ

108 アンコウ

110 魚竜

112 ウミヘビ

114 イモリ

116 カエル

118 褐虫藻

120 海藻のなかま

水と人間

124 生活に欠かせない水

126 水力発電

128 灌漑

130 住宅で使う水

132 汚水

134 超高層ビルの水

136 宇宙の水

138 用語集

140 さくいん

144 Acknowledgements

水って、なんだろう？

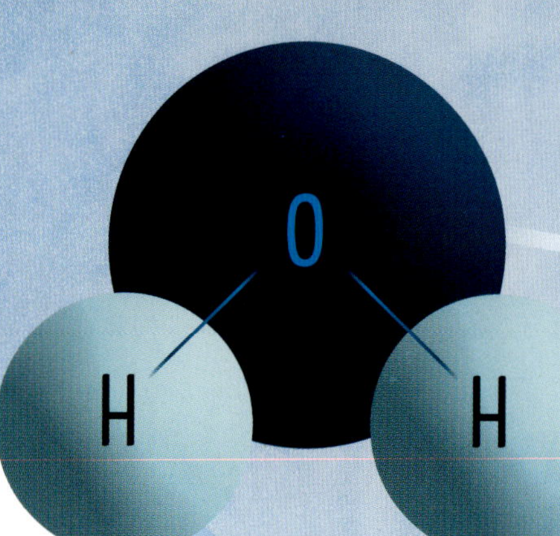

化学では、水を「H_2O」という特別な記号で表す。これを見れば、水分子がどんな原子でできているかがわかる。

水は、色も味も、ニオイもないから、何だかつまらないと思ってしまうかもしれない。でも、じつは、このすばらしい物質のおかげで、私たちが住む地球は特別な星になったんだ。水がなければ、地球に生き物は誕生しなかっただろう。

地球にある水は、ほとんどが液体の状態だ。ところが、100℃になると、水蒸気という目に見えない気体になり、0℃を下回ると固体の氷になる。また、水をどんどん細かくしていくと、小さなつぶにたどり着く。これは水分子とよばれるよ。水分子は、たがいに引きつける力（引力）によって「くっつき」、水たまりや、湖、海になる。くっついてもなお、水は自由に流れることができるんだ。

水分子は、水以外にも、さまざまな物質を引きつける。この性質のおかげで、水には何でもとける、つまり、物質を引きつけてバラバラにして、とかしこんでしまうんだ。水は、土や動物、植物の中を流れながら、とけこんだ鉱物、栄養、生き物に必要な化学物質などを運んでいく。

水は、地球に生き物を誕生させただけではない。降り注ぐ雨、勢いよく流れる川、ゆっくり進む氷河、打ちよせる海の波となって、大地や海岸を形作っているのも水なんだ。

生き物を育み、地球を形作っている水。
かけがえのない水について、
これから見ていこう。

池の水が全部こおってしまったら、そこに住んでいる動物や植物は死んでしまうだろう。

氷は水にうかぶ

氷は、水よりも軽いので、水の上にうかぶ。これは水に住む生き物にとって重要なことだ。水面に氷がはることで、氷の下の水は、上にある冷たい空気から守られる。そのおかげで、氷の下の水も、そこに住む生き物も、こおらないですむ。

水分子

分子は、原子という小さな物質でできている。水分子は、2個の水素原子と1個の酸素原子が、「化学結合」という力で結びついた分子だ。

アメンボやハシリグモのように、小さくて軽い生き物のなかには、水の「まく」を破ることなく、池の上を歩けるものがいる。

水面のまく

水の表面にある水分子は、たがいに引っ張り合うので、まるでうすい「まく」のようにふるまう。これを表面張力という。

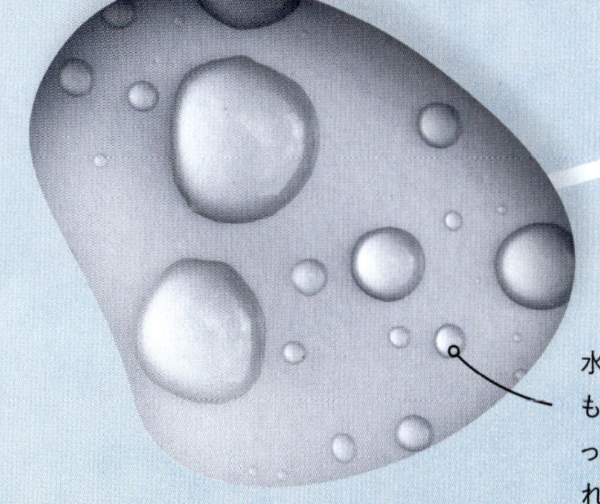

水滴が丸くなるのも、表面張力によって水が引っ張られるからだ。

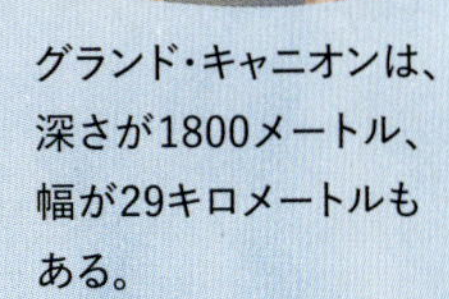

グランド・キャニオンは、深さが1800メートル、幅が29キロメートルもある。

大地を形作る

水には、岩をこなごなにくだいて、それを運び去るはたらきがある。アメリカ合衆国アリゾナ州にあるグランド・キャニオンという峡谷は、コロラド川の水が何千万年もかけてけずり出した地形だ。

とぎれることのない水の流れが、植物の体の中にある、とても細い管をのぼっていく。

水のねばりけ

物が水にぬれるのは、水分子に「ねばりけ」があるからだ。この「ねばりけ」のおかげで、水は植物の幹や茎の中をのぼっていける。どんなに高くそびえる木でも、水は根から葉まで、とちゅうでとぎれることのない水の柱となってのぼっていく。

油のように、水をはじく物質もある。カツオドリなどの水鳥は、羽が油でおおわれているので、水にぬれることがない。

地球の水

地球にある水は、ほぼすべてが塩水だ。塩分をふくまない水も少しはあるけれど、ほとんどが氷の状態になっているか、地下にかくれているかのどちらかだ。地球の表面には、塩分をふくまない水はごくわずかしか存在しない。

大気中の水

水は、空気の中にもある。目に見えない水蒸気や、雲がそうだ。雲は、小さな水滴が集まってできている。

地下水

地球では、塩分をふくまない水のほぼ3分の1が、地面の下にしみこんでいる。これが地下水だ。そのほとんどが、岩の中の小さな穴にたまっている。

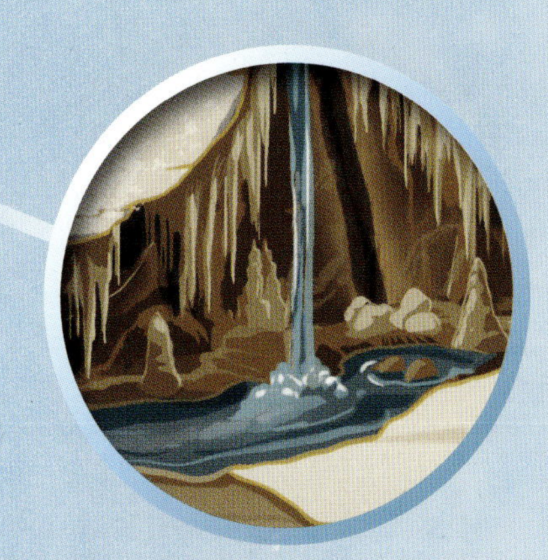

塩水

ほとんどの塩水は海にあるが、陸地にも塩水をたたえた塩湖が存在する。また、地下にも塩水がたまっている場所がある。

淡水

川、湖、沼、湿地の水は、多くの生き物にとって欠かせない。私たち人間が使っている塩分をふくまない水は、そのほとんどを川や湖から取っている。

氷

地球では、塩分をふくまない水のほぼ3分の2が、氷河・氷床・雪として、地表でこおった状態になっている。永久凍土では、土の中でその水がこおっている。

土

土の中には、空気中とほぼ同じ量の水があって、土のつぶの間にたまっている。植物が生きていくためには、土の中の水が欠かせない。

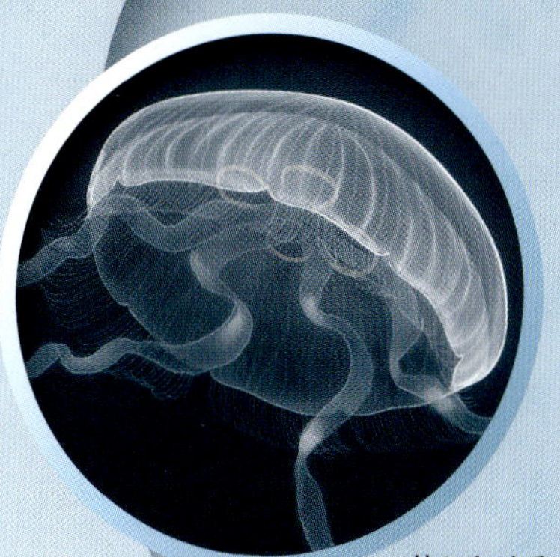

生き物の中の水

生き物は、おもに水でできている。でも、体にしめる水の割合は、生き物によって異なる。人間は体のおよそ半分が水でできているのに対し、クラゲはほとんどが水だ。

体にしめる水の割合は、クラゲは約95パーセントだが、人間の大人は50～60パーセントほどだ。

宇宙の水

太陽系の惑星で、表面に液体の水があるのは、地球だけだ。ただし、火星や、いくつかの惑星の衛星には、水の氷がある。また、氷とチリのかたまりである彗星も、太陽系を飛び回っている。科学研究によって、はるかかなたにある太陽系以外の銀河で、水があると思われる惑星が次々と見つかっている。

水はどこにある?

宇宙から見ると、地球は大部分が青い。この青い部分は、海、湖、川など、水がある場所なんだ。なんと、地球の約4分の3が、水におおわれている。でも、地表にある水だけが地球にある水のすべてというわけではないよ。空気中にも、地中にも、そして私たち人間をはじめとする生き物の中にも、水はあるんだ。

火星の北極と南極は、氷におおわれている。でも、火星の表面に、つねに液体の水が存在している場所はない。

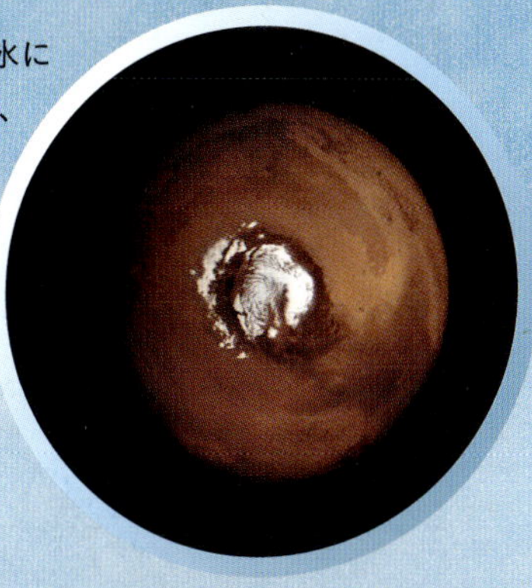

地球の水をすべて集めて球にすると、直径は約1385キロメートルになる。

なぜ海は塩からい?

数十億年前、地球ができて間もないころに、岩の中の塩が水によってとけ出したから、海は塩からくなった。この塩は、海に住む生き物の体に取りこまれたり、海底にしずんだりして、どんどん減っていく。でも、陸上の岩からとけ出した塩が、また流れこんでくるので、海の塩からさは変わらない。

とけた塩が川によって海に運ばれると、海の塩の量は増える。

海水が蒸発するとき、水は大気中に出ていくが、塩は海に残る——だから雨は、塩からくない淡水なんだ。

水といろいろなサイクル

サイクルとは、決まったパターンがくり返されること。つまり、太陽が日の出・日の入りをくり返すのも、季節がめぐるのもサイクルといえるね。多くのサイクルに、水がかかわっている。というのも、水は姿や形を変えながら、地球のいろいろな場所をつねに移動しているからだ。

水道水

私たちがふだんの生活で使っている水道水も、「水の循環」（右下の図）という水のサイクルで、地球をめぐっている。まず、川や湖、地下深くから、水をくみ上げる。その水を、きれいにしてから、それぞれの家に送る。使い終わった水は、また川や海にもどす。

野生の生き物に害をあたえないために、家から出る汚れた水は、きれいにしてから水の循環にもどされる。

体の中を通りぬける

生き物の体の中では、生きていくために必要な化学反応が起こっている。その反応に欠かせないのが、水だ。生き物が外から取りこんだ水は、体の中を通りぬけて、うんちやおしっことといっしょに体の外に出る。

動物は、息・うんち・おしっこをするときなどに、水を失う。その分をおぎなうために、しょっちゅう水を飲まなければならない。

地球にある水の量は、増えることもないし、減ることもない——同じ水が、何度もくり返し使われるだけだ。

2 海面の水が蒸発し、水蒸気となって、空にのぼっていく。

両生類は、水中と陸地を行き来するライフサイクルをもつ。

1 太陽の熱で、海があたためられる。

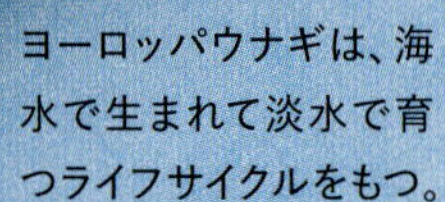

ヨーロッパウナギは、海水で生まれて淡水で育つライフサイクルをもつ。

水の中のライフサイクル

川、湿地、磯、サンゴ礁、海など、水のある環境は、生き物が元気に生活できる場所だ。生き物が生まれて、成長し、子孫を残し、死んでいくパターンを「ライフサイクル」という。

水蒸気
水（液体）
氷（固体）
水蒸気（気体）では、水分子が自由に動いて、どんどん広がっていく。
液体の水は、氷と比べて水分子が自由に動くので、流れることができる。
氷の中の水分子は、しっかりとつながっていて、動けない。だから、氷は形が変わらない。
水の循環
地球にある水は、下の図のように海、大気、陸地の間を、いつまでもぐるぐるめぐっている。これを「水の循環」という。止まることのないこのサイクルを動かしているのが、太陽のエネルギーだ。水は循環しながら、熱を取りこんだり失ったりして、液体、固体、気体の間で姿をコロコロ変える。
3 水蒸気は冷やされると液体の水にもどり（これを凝縮という）、小さな水滴になる。これが集まって、雲になる。雲に水滴がどんどんたまっていくと、やがて雨となって地上に降る。
4 植物は根から水を吸い上げ、葉から水蒸気を出す。
5 雲の中の水滴がこおって、氷晶（氷の結晶）になることもある。
6 雪がたくさん降り積もると、やがて氷が川のように流れ始める。これが氷河だ。
7 氷河の氷がとけて、水にもどる。
8 雨水や、雪や氷がとけた水は、川によって海に運ばれる。
9 地下にある岩の間を通って、海へ向かう水もある。

地球の水

私たちが住んでいる地球は、すばらしい水の惑星だ。その水は、空から降り注ぎ、山をかけ下り、海に流れこんでいく——地球をめぐるこうしたサイクルを「水の循環」という。水には、さまざまな天気をもたらしたり、生き物が住めるさまざまな環境をつくり出したりするはたらきがある。海は、海面が高くなる満ち潮と、低くなる引き潮をくり返している。海岸線の形を変え、洞窟をけずり出し、自然の景観を変えるのも、水なんだ。

水の力

水は、自然界のどこにでも存在する。水には、大地をけずり、海岸線の形を変える力もあるし、ゆっくり流れると小川となり、勢いよく流れ落ちれば滝になる。その場所が、カラカラにかわいて生き物がいない場所になるのか、緑豊かな生き物あふれる場所になるのかは、水にかかっているんだよ。

台風は、大雨と強風をもたらす。

山や木が、一年じゅう雪におおわれている場所もあれば、数か月だけ雪におおわれている場所もある。

天気の種類

天気とは、「ある場所」の「ある時間」における、大気の状態のことだ。水は、天気に重要な役割を果たしている。霧雨、雨、みぞれ、雪、あられ、ひょうなどは、どれも空から水が降ってくる天気だ。大気中の水が多いと、蒸し暑くなる。さまざまな種類の天気が、世界各地の気候に影響をあたえている。

大きなひょうが勢いよく降ってくると、建物がこわれることもある。

虹は、雨がやんだあと、空に残っている水滴に光が当たってできる。

大雨のあとに洪水が起こって、大きな被害が出ることがある。悲しいことに、気候変動のせいで、ますます洪水が増えている。

変化する海岸線

海面が上がると、低地や海岸線が海にしずんでしまうおそれがある。いま起こっている海面上昇の原因は、気候変動だ。温暖化によって、陸地にある氷河や氷床の氷がとけ出し、海に流れこんでいる。しかも、あたためられると海水はふくらむ。海面からの高さが10メートルに満たない海岸沿いに、6億人以上が住んでいる。いますぐ、こうした海岸線を守らなければならない。

オランダの「サンド・エンジン」は、人間が海岸沿いに砂を積み上げることで、低地を海水から守るしくみだ。

南極の巨大な氷山。氷山の周りには多くの動物がすんでいる。

水と生き物

どんな生き物も、水がなければ生きていけない。ほとんどの動物や植物は、体の中に水をたくさんふくんでいる。森林も、木が育つために欠かせない雨がよく降る場所に広がっている。海、川、湖など、水そのものの中で暮らしている生き物も、何十億といる。また、カエルのように、一生のあいだに、陸上と水中の両方で過ごす生き物も多い。北極や南極の氷の中にすんでいる微生物までいる。

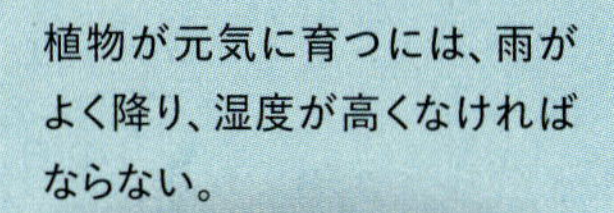

植物が元気に育つには、雨がよく降り、湿度が高くなければならない。

ナイアガラの滝は、カナダとアメリカ合衆国の国境にある。1分間に流れ落ちる水の量は、オリンピックで使用するプール70個分ほどだ。

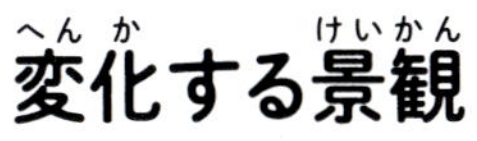

変化する景観

水は、自然の景観を形作る力をもっている。大雨が洪水を起こすときのように、短い時間で変わることもあれば、土地が侵食されるときのように、長い時間をかけて変わることもある。たとえば、水が何年もかけて岩を侵食すると洞窟ができる。滝も、力強い川の水が、やわらかい岩をけずり取ることによって、長い年月をかけてつくられる。

洞窟にある鍾乳石は、水のはたらきによってできた、めずらしい岩だ。写真はニューメキシコの洞窟。

現れては消える海

地球が誕生してからずっと、海はコロコロと姿を変えてきた。海は大陸の移動に合わせて、広がったり、縮んだりするんだ。海面が上がると、大陸は海にしずみ、海面が下がると、陸と陸の間に橋のような陸地ができる。地球の生き物は、海の変化に影響を受けて進化してきたんだよ。

スノーボール・アース

地球の歴史のなかで、いちばん寒かった氷河時代には、海の大部分または全体が氷や雪におおわれ、海面がものすごく下がったと考えられている。この考えを「スノーボール・アース（雪玉の地球）」仮説という。

地球の水は小惑星が運んできた、と考えている科学者もいる。

酸素の増加

「縞状鉄鉱層」という、さびた鉄でできた地層を見れば、地球に酸素が増えた時期がわかる。その酸素は、初期の生き物が光合成によってつくり出したものだ。

現在、地球の水の約1.7パーセントが、氷床と氷河の中に存在する。

地球の誕生

45億4千万年前

最初の海

誕生したばかりの地球は、熱すぎて、液体の水は地表に長くとどまれなかった。やがて地球が冷えると、大気中の水蒸気が水になって、地表にたまり始める。これが海だ。海ができたことで、生命が誕生した。

44億年前

35億年前

7億年前

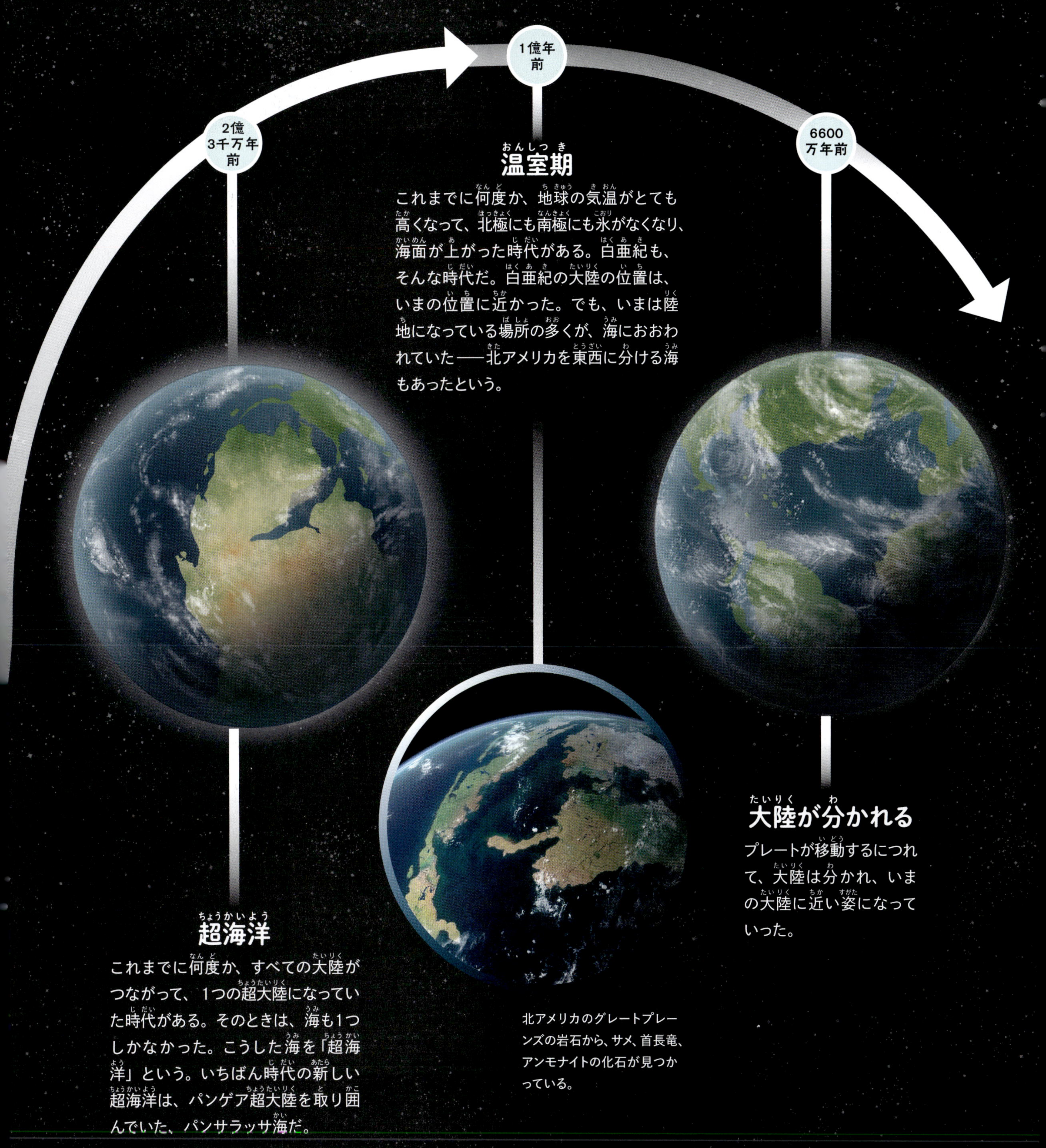

温室期

これまでに何度か、地球の気温がとても高くなって、北極にも南極にも氷がなくなり、海面が上がった時代がある。白亜紀も、そんな時代だ。白亜紀の大陸の位置は、いまの位置に近かった。でも、いまは陸地になっている場所の多くが、海におおわれていた——北アメリカを東西に分ける海もあったという。

超海洋

これまでに何度か、すべての大陸がつながって、1つの超大陸になっていた時代がある。そのときは、海も1つしかなかった。こうした海を「超海洋」という。いちばん時代の新しい超海洋は、パンゲア超大陸を取り囲んでいた、パンサラッサ海だ。

北アメリカのグレートプレーンズの岩石から、サメ、首長竜、アンモナイトの化石が見つかっている。

大陸が分かれる

プレートが移動するにつれて、大陸は分かれ、いまの大陸に近い姿になっていった。

雲

高い空にある白くてうすい雲から、こい灰色の雨雲まで、どんな雲も、小さな水滴や氷晶（氷の結晶）でできている。雲が目に見えるのは、水滴や氷晶が太陽の光を反射しているからなんだ。激しい雷をもたらす積乱雲（にゅうどう雲）の一生を見てみよう。

雲ができる

雲は、数えきれないほどの水滴や氷晶が集まってできている。あたたかい空気がたくさん空にのぼって、たくさんの水蒸気が液体の水にもどる（凝縮する）ほど、雲は高く、大きくなる。この絵のようにモコモコした雲を、積雲（わた雲）という。

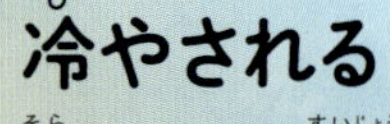

冷やされる

空にのぼった水蒸気は、広がっていき、冷やされて液体の水にもどる（凝縮）。そして、空気中にある小さなつぶ（チリなど）の周りにくっつく。こうして水蒸気は、小さな水滴や氷晶になる。

水滴

あたためられる

太陽の熱によって、海、湖、土、植物の中にある水があたためられる。すると、蒸発して水蒸気になる。あたたかく湿った空気は、空へのぼっていき、そこで冷やされる。

太陽の光で海や陸地があたためられるほど、多くの水が蒸発する。

雷 積乱雲の中では、激しい気流によって水滴や氷晶がぶつかり合い、静電気が発生する。この電気が雲の中を流れたり、雲と地面の間で流れたりする。これが雷だ。

ただよう霧 雲は、いつも空の高いところにできるとは限らない。地面の近くにも雲はできる。これが霧だ。この写真は、山の谷間に発生した霧。

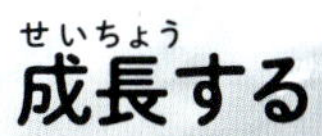

成長する

一度に大量のあたたかい空気が空にのぼると、積雲は大きくなる。積雲が高い塔のようになったものが、積乱雲だ。巨大なこの雲の中では、水滴や氷晶が、強い気流に乗って上がったり下がったりしている。そのうちに水滴はどんどん大きくなって、ついに地上に落ちてくる。これが雨だ。

水滴がいくつも集まって雨粒になる。

雨粒

水滴

雲の中で、氷晶がとけて、小さな水滴になることもある。

大きな雨粒

氷晶（氷の結晶）

雨粒は大きくなり、重くなると、ついに雲から落ちる。

大きな雨粒は、落ちるとちゅうに、小さな水滴に分かれることが多い。

落ちる雨粒

雲の終わり

やがて、あたたかい空気が、雲までのぼってこなくなる。あるいは、雲が、周りにあるかわいたあたたかい空気と混ざり合う。すると、水蒸気が液体の水にもどれなくなって、雲は小さくなり、ついに消えてしまう。

ココも見て！

雲の種類（p.20〜21）も調べてみよう。

雨が地上に降る。

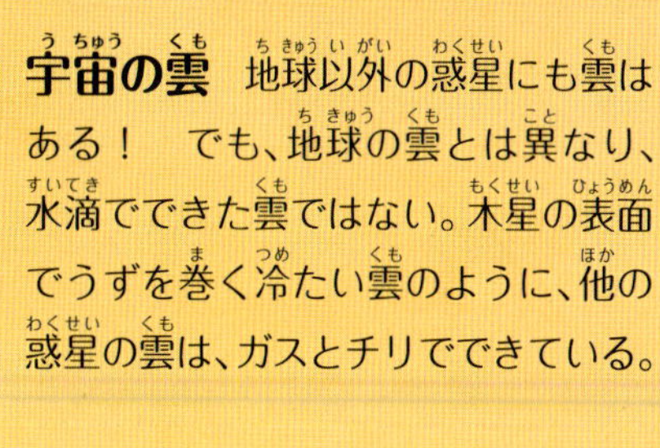

宇宙の雲 地球以外の惑星にも雲はある！　でも、地球の雲とは異なり、水滴でできた雲ではない。木星の表面でうずを巻く冷たい雲のように、他の惑星の雲は、ガスとチリでできている。

雲の種類

雲は、高さや形から、大きく10種類に分けられる。雲の名前のつけ方には決まりがあって、上層（高い空）の雲には「巻」、中層（中くらいの高さの空）の雲には「高」、モコモコした雲には「積」、横に広がった雲には「層」、雨や雪を降らせる雲には「乱」という字がつくんだ。たとえば、層積雲は「横に広がるモコモコした雲」だよ。

空から地上に降る水を、降水という。降水には、液体の水（雨）もあれば、みぞれや雪のようにこおったものもある。

巻雲（すじ雲）
はけでかいたような、うすい雲。氷晶（氷の結晶）でできていて、高い空に現れる。

巻積雲（うろこ雲、いわし雲）
ふわふわした小さな雲の集まり。巻層雲が分かれてできることもある。

上層

巻層雲（うす雲）
うすくて平らな雲。空を灰色におおう。この雲が出ると、今日か明日のうちに、雨が降るかもしれない。

中層

高層雲(おぼろ雲)
横にうすく広がる雲。空がこい灰色になる。もうすぐ雨が降るというサインだ。

高積雲(ひつじ雲)
小さくてモコモコした白い雲の集まり。

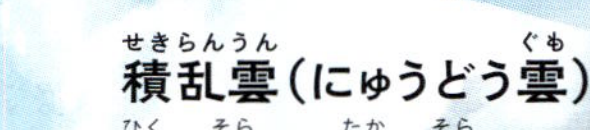

積乱雲(にゅうどう雲)
低い空から高い空にかけて広がる、背の高い巨大な雲。大雨、ひょう、あられ、雷をともなう、嵐になることがある。

下層

層雲(きり雲)
空一面をシートのようにおおうことが多い雲。白か灰色で、弱い雨や霧雨を降らせることもある。

層積雲(うね雲、くもり雲)
低い空にできる、ふわふわした灰色の雲。弱い雨を降らせることや、乱層雲に変わることもある。

積雲(わた雲)
あたたかい日によく現れる、ふわふわした白い雲。あたたかい空気が冷たい空にのぼってできる。積乱雲に変わることもある。

乱層雲(あま雲、ゆき雲)
厚くて、こい灰色の雲。数時間にわたり、雨や雪を降らせることが多い。

台風

台風は、激しくうずを巻きながら、長い距離を移動する嵐で、暴風や大雨、海岸沿いの洪水を引き起こすんだ。たいていは、1週間ほどで消えてなくなってしまう。世界のどの海で発生するかによって、台風、サイクロン、ハリケーンなどと、ちがう名前で呼ばれるよ。

積乱雲

台風は、積乱雲の集まりから始まる。積乱雲は、赤道をはさんで北と南にある、あたたかい熱帯の海の上で発生することが多い。この最初の段階を「熱帯擾乱」という。

積乱雲は、あたたかく湿った空気が空にのぼっていき、そこで冷やされることで発生する。

弱まる

台風は、冷たい海の上や陸の上を進むうちに、エネルギーを失っていく。風が弱くなると、やがて熱帯低気圧へと変わって、最後には完全に消えてしまう。

上陸する

台風は海の上で発生するけれど、海の上を進んでいた台風は、ときには陸地まで到達する。台風の下では、海面が最大で6メートルも上がる。こうして急激に海面が上がることを「高潮」という。高潮や、台風の風による巨大な波のせいで、海岸沿いが水びたしになることもある。強風と大雨は、建物にも被害をおよぼす。

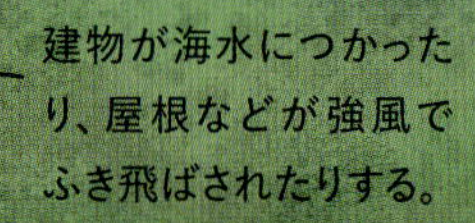

建物が海水につかったり、屋根などが強風でふき飛ばされたりする。

回転する

湿った空気が空にのぼっていくと、それと入れかわるように、新しい空気が積乱雲の中心に向かって流れこむ。こうして積乱雲の底に空気が集まることで、風がふき始める。地球は自転しているので、風はうずを巻き始め、積乱雲も回転を始める。

回転する向きは、北半球では反時計回り、南半球では時計回りだ。

台風の中心に、雲のない部分がある。これが「台風の目」だ。目の外側には、強い風がふいている。

あたたかい空気は、帯状になった雲の中を、のぼり続ける。

冷たい空気は、帯状の雲のすきまを通って、降りてくる。

ココも見て！

雲の種類(p.20〜21)と雲(p.18〜19)のでき方も調べてみよう。

本格的な台風

あたたかい海の上を移動しながら、積乱雲は海からどんどんエネルギーをもらい、「熱帯低気圧」になる。そして、風が時速63キロメートル以上になったものが「台風」だ。さらに発達して、風が時速119キロメートルになると、「強い台風」と呼ばれるようになる。

台風の分類 台風やサイクロンは、強さごとに分類されている。分類のしかたは、世界の地域ごとに異なる。たとえば、日本では台風を「台風」「強い台風」「非常に強い台風」「猛烈な台風」の4つに分類している。

昭和54年台風第20号(国際名：チップ)

1979年に発生したこの台風は、これまで観測されたなかで、もっとも大きく強い台風だ。直径が2220キロメートルもあった。

ハリケーン・ハンター 気圧と風速のデータを集めるために、研究用の飛行機で、ハリケーンの中に飛びこむ人がいる。ものすごく、ゆれるそうだ！

雪の結晶

雪は、雨・みぞれ・ひょう・あられと同じように、雲から降ってくる。小さな氷晶（氷の結晶）が集まって、雪の結晶になり、それがふわふわの白い雪として、地上に降り積もる。1つの雪の結晶には、約50個の氷晶がふくまれているんだ。ひとつとして同じ雪の結晶はないよ！

小さなチリ

雪の結晶は、雲の中の小さなチリから始まる。まず、チリに水蒸気がくっつき、水滴になる。

氷晶の成長

氷晶の角に水蒸気がどんどんくっついて、小さな枝がのび、雪の結晶になる。どの雪の結晶も、枝の数はかならず6本になる。これは、水がこおるときに、水分子が六角形のパターンをつくるからだ。

雪が降る

雪の結晶は、枝の数はどれも同じだが、形はさまざまだ。形は、空気の温度と、雲にふくまれる水の量によって決まる。雪の結晶が大きく重くなると、雲から落ちてくる。

氷の玉ができる

水滴がこおって、氷のつぶになる。雲の中の水蒸気が、氷のつぶにくっつき、つぶは大きくなって氷晶になる。

ココも見て!
雲の種類(p.20〜21)も調べてみよう。

雪がとけて蒸発する

やがて、雪の結晶は地面に達する。雪がとけると、水が蒸発し、また同じサイクルがくり返される。

雪の結晶は、大きく成長して、周りの空気よりも重くなると、雲から落ちる。

雪の予報？ 高い山の頂上や北極・南極に近い場所は、いつも雪や氷におおわれている。それ以外の場所では、気温が氷点(0℃)よりわずかに高いときに、もっとも激しく雪が降る。

雪の中はあったかい 地上に積もった雪は、約90パーセントが空気でできている。その空気は雪に閉じこめられているので、空気といっしょに熱がにげていくことがない。つまり、雪の中はあったかいんだ。だから、ホッキョクグマをはじめ多くの動物が、雪に穴をほって、その中で寒さをしのぐ。

意外とあたたかい氷の家 カナダの先住民は、雪を固めたブロックで「イグルー」という家をつくり、寒さから身を守る。外がマイナス45℃の寒さでも、イグルーの中は、人間の体から出る熱だけで16℃になり、あたたかい。

川の源流

雲が、丘や山に雨や雪を運んでくる。雨は地面をチョロチョロ流れて、やがて小川になる。春になると、この小川に雪どけ水が加わる。小川は、急な斜面を流れ、岩をこえ、滝となって落ちる。

アマゾン川は、毎秒約20万トンもの水を大西洋にそそいでいる。

谷をけずる

川は、斜面を流れ落ちながら、岩をけずる。大きな川に流れこんでいる、小さな川のことを、支流という。川を流れる水と岩石が、川底を少しずつけずっていく。岩石がボロボロにくずれて堆積物になる変化を、風化という。水は、堆積物（小石、砂、どろ）を下流に運ぶ。侵食とは、その堆積物が運び去られることだ。

S字カーブ

一方の川岸が、反対側の川岸よりもたくさん侵食されると、川がカーブする。しだいに、カーブはどんどん大きくなっていく。このように、川がクネクネ曲がりながら流れることを、蛇行という。

川

川の一生は、丘や山を流れる小川から始まる。海へ向かうとちゅうで、他の小川や川と合流して、さらに大きくなっていく。川には、地形を侵食し、岩をけずり取り、谷をえぐるはたらきがあるんだ。流れる川は、水の循環の一部だよ。

ココも見て!
水の循環(p.10〜11)も調べてみよう。

蒸発した水蒸気が雲になる。

河口

川が海に流れこむ場所を、河口という。河口で、川が何本かに枝分かれすることも多い。ときには、河口が広がって入り江になり、川の水と海の水が混ざり合うこともある。海から蒸発した水は空にのぼっていき、やがて雨となって地上に降り、また川を流れる。

氾濫原

洪水などで川があふれたときに、川の両側に堆積物が積もり、氾濫原という平らな土地ができる。

三日月湖

洪水が起きたとき、その勢いでカーブしていた川の流れがまっすぐになって、カーブの部分が切りはなされることがある。この切りはなされた部分を、三日月湖という。

かれ川 「かれ川」と呼ばれる川は、ふだんは水がなく、大雨が降ったあとの数日間だけ水が流れる。

峡谷 アメリカ合衆国にあるグランド・キャニオンは、コロラド川によってけずり出された峡谷だ。峡谷の幅は最大29キロメートル、深さは最大1800メートルもある。

三角州 三角州とは、川が運んできた堆積物でつくられる、川が終わる河口の近くの地形だ。川が海に流れこむとき、流れがゆるやかになるので、堆積物が積もるんだ。

滝

流れ落ちる滝ほど、人の目を引きつける地形はなかなかないだろう。川の水は侵食する力が強いので、やわらかい岩がけずられ、かたい岩が棚のように残る。そこを水が流れ落ちるのが、滝だ。

ココも見て！
川(p.26〜27)のでき方も調べてみよう。

かたい岩とやわらかい岩

滝は、川がかたい岩の層の上を流れ、その下にやわらかい岩の層がある場合にできる。かたい岩よりもやわらかい岩のほうが、水に侵食されやすいため、やわらかい岩の上では、川底が急な斜面になる。

下にあるやわらかい岩石(けつ岩やシルト岩など)は、上にあるかたい岩石(花崗岩など)よりも侵食されやすい。

侵食

やがて、水の力と流されてきた石によって、やわらかい岩がどんどん侵食され、川底に段差ができる。

やわらかい岩が侵食されるにつれて、川底は急な斜面になっていく。

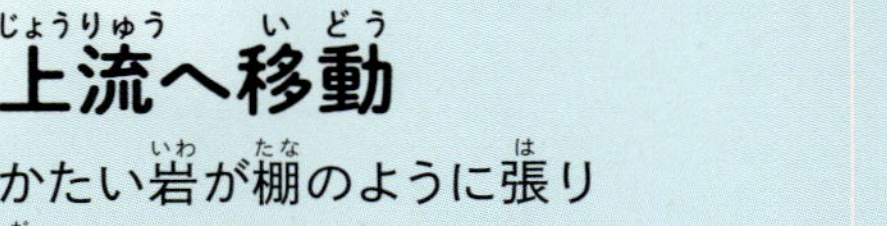

上流へ移動

かたい岩が棚のように張り出したオーバーハングは、やがて支えていられなくなり、滝つぼにくずれ落ちてしまう。こうした侵食をくり返しながら、滝の位置は、少しずつ上流へ移動していく。

川は、かたい岩の縁から流れ落ちる。

オーバーハング

岩のかたまりがくだけて、下の滝つぼに落ちる。その岩のかけらが、滝つぼの中でぐるぐる回転することによって、滝の裏側にあるやわらかい岩がさらに侵食される。こうして、かたい岩が張り出した「オーバーハング」ができる。

滝つぼ

流れの速い水によって、岩が侵食され、「滝つぼ」と呼ばれる穴があく。その穴に向かって、水が垂直に落ちれば、若い滝の誕生だ。

世界でもっとも高さのある滝は、ベネズエラにある落差979メートルのエンジェル・フォールだ。

階段状の滝　階段のように流れ落ちる滝は多い。南アメリカのアルゼンチンとブラジルの国境にあるイグアスの滝も、みごとな階段状の滝だ。

こおった滝　冬になると、滝がカチカチにこおることがある。川の流れは止まり、巨大なつららが垂れ下がる。アイスクライミングを楽しむ人たちは、こおった滝をのぼる。

地下水

地下にある岩石のすきまや割れ目にかくれている水を、地下水という。なんと、世界中にある塩分がふくまれない水の3分の1近くが地下水なんだ。地下では、岩石の割れ目や、岩石内にたくさんあいた小さな穴に、水がたまっている。そして水が砂にしみこむのと同じように、地下水は岩石と岩石の間をゆっくりと流れ落ちていく。でも、再び地表に出てくる地下水もあるんだ。こうした水は、また水の循環に加わることになる。地下水は、世界各地で、生活に欠かせない重要な水となっているよ。

雲と雨

空気が空にのぼって冷やされると、空気にふくまれていた水蒸気が液体の水や氷にもどり、雲ができる。水は雨や雪となって、雲から地上に降る。

蒸発

水は、地面、海、湖、植物などから蒸発する。植物の水が蒸発することを、蒸散という。こうした蒸発によって、大気中の水蒸気が増える。

地下水面より深いところまで井戸をほれば、地下水をくみ上げることができる。

地表に現れる

地下水面と地表の高さが同じになる場所では、地下水がわき水となって地表に現れ、そこから小川になって流れ出す。地下水面と、近くにある川や湖の水面は、同じ高さになっている。

汚染 農薬や肥料、地中にうめ立てたごみから出る化学物質が、地下水に混ざって、地下水が汚染されることがよくある。井戸や川の水を飲む人間や動物にとっては、たいへん危険だ。

陥没穴 地下水が、石灰岩などの岩石をとかすことで、地下に空洞ができる。こうした空洞のてっぺんがくずれると、地面に大きな穴があく。これが陥没穴だ。陥没穴の上に建物や道路があると、大きな事故になる。

地下へ

地上に降った水は、土にしみこむ。その水は、蒸発したり、植物に取りこまれたり、土の下にある岩石まで流れ落ちたりする。砂岩のように、小さな穴がたくさんあいていて水を通しやすい岩石には、水がしみこむ。

地下水面

地下の深いところは、地下水で完全に満たされている──つまり、岩石の間の小さなすきままで、水がつまっている。地下水で満たされた層のいちばん上の面を、地下水面という。雨がたくさん降ると、地下水面は高くなる。逆に、雨が少ない時期は、地下水面は低くなる。地下水面より下にある、地下水で満たされた層を帯水層という。

地下水面より上では、岩石の周りを水がおおっているだけで、岩石の粒子と粒子のすきまは、水で満たされていない。

地下水面より下では、岩石の粒子のすきまを通って、水がゆっくり流れている。

地下を流れる

地下水は、岩石の間を通って、低いほうへゆっくり流れる。水を通しやすい岩石の中は流れるが、水を通しにくい岩石（水を吸収しない花崗岩や粘土など）の中は流れることができない。なかには、何千年ものあいだ、地下にとどまる水もある。

ココも見て！
洞窟(p.34～35)と温泉(p.32～33)の水も調べてみよう。

オアシス オアシスとは、砂漠の中で、地下水が地表にわき出ている場所のことだ。ふつうは、地下にある岩石のすきまからわき出る。この水が池になることで、植物が育ち、動物が水を飲みに集まる。

温泉

湯がわき出る温泉は、地表の下で何かが起こっているサインだ。じつは、マグマというどろどろにとけた高温の岩石によって、地下深くにある水が熱せられて、それが地表にわき出しているんだ。湯がつねにわき出している温泉以外に、高い圧力によって、ときどき湯と蒸気が勢いよくふき出す間欠泉という温泉もあるよ。

噴気孔

のぼってきた湯が、地表に出るまえに水蒸気に変わることがある。こうした水蒸気は、マグマの火山ガスといっしょに、噴気孔という出口からふき出す。

ココも見て!

真っ暗な深海の海底にも、湯はふき出している。熱水噴出孔(p.50〜51)も調べてみよう。

温泉

熱せられた水は、地表にのぼっていく。そして、湯口と呼ばれる出口から出る。これが温泉だ。温泉には、絶えず地下から湯がわき出している。

ふき出した水蒸気に硫化水素が混じっていると、卵がくさったようなニオイがする。

地下水

雨や雪の水が、割れ目だらけの岩石の層を通って地下に流れこみ、冷たい地下水がたまる。

熱せられる

高温のマグマによって、水が熱せられる。地下深くは圧力が高いので、水は180℃以上になっても沸騰しない。非常に高温になったこの熱水によって、岩石の鉱物がとけ出す。

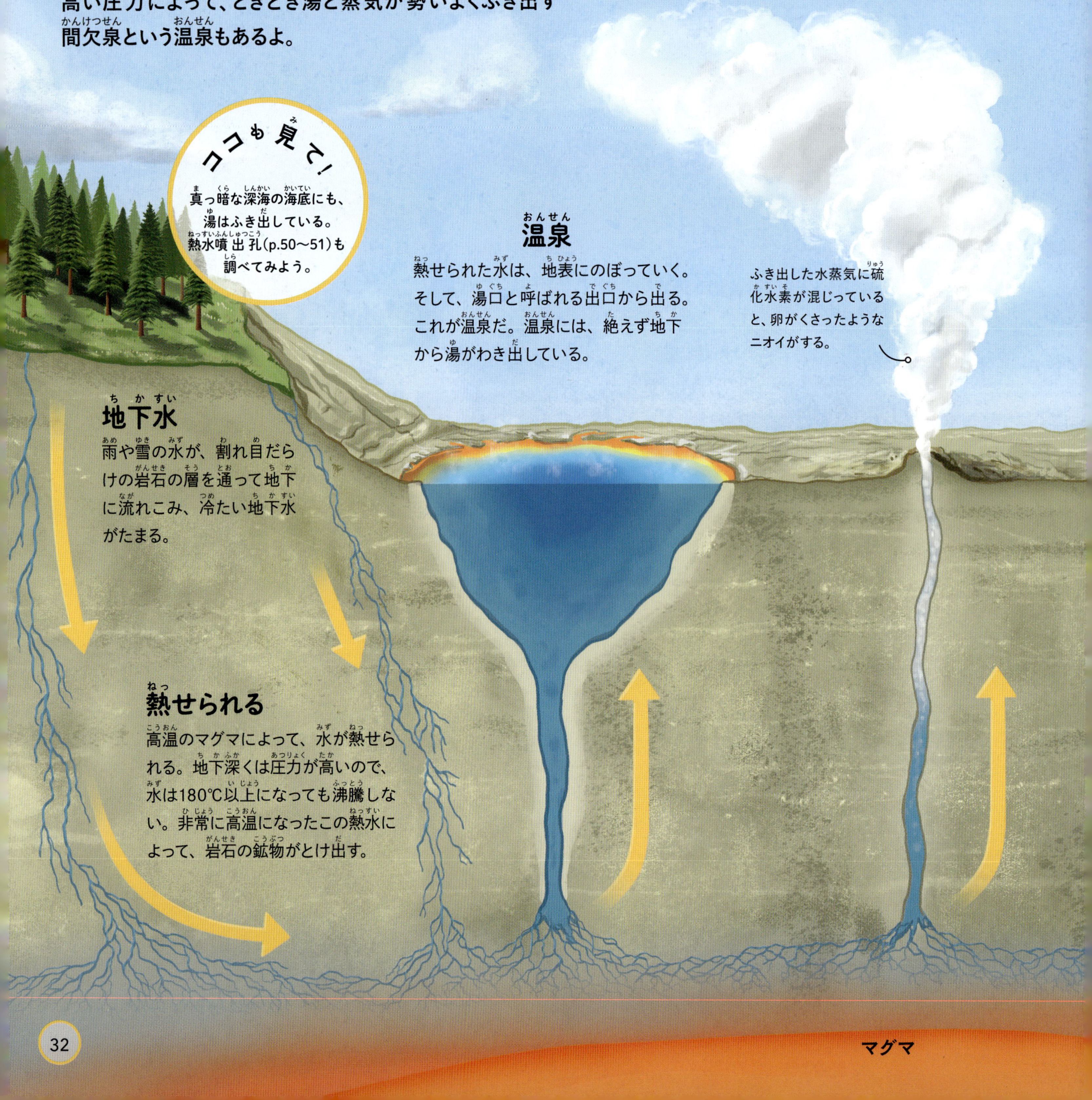

マグマ

間欠泉

湯と水蒸気が、地上に開いた湯口からうまくにげられず、地下の空洞に閉じこめられることがある。すると、圧力がどんどん高くなっていき、あるとき突然、湯と水蒸気が勢いよくふき出す。これが間欠泉だ。

間欠泉は世界に1000か所ほどしかない。

泥水泉

水は地表に向かってのぼっていくあいだに、火山ガスを吸収して、酸性になる。酸性の水によって岩石は分解され、どろに変わる。このどろが地表にブクブクわき出したものが、泥水泉だ。

虹色の温泉 イエローストーン国立公園にあるグランド・プリズマティック・スプリングは、アメリカ合衆国で最大の温泉だ。真っ青な水を取り囲む虹色は、温泉の縁に住んでいる大量の微生物が生み出している。

温泉の階段 温泉の水にとけこんだ鉱物は、冷めると固まって、すばらしい景観を生み出すことがある。トルコのパムッカレでは、何千年もかけて、階段状の温泉が棚田のように広がっていった。

サルも入浴 冬の寒さと大雪からのがれるために、日本中央部の山に住むニホンザルは、谷間の温泉につかってあたたまることを覚えた。

洞窟

水は、自然の彫刻家なんだ。地下に大きな洞窟をけずり出し、変わった形の岩をつくり出す。雨水は、空から落ちてくるとちゅうで空気中の二酸化炭素を吸収し、さらに地面にしみこんだあとは、土の中の二酸化炭素を吸収する。二酸化炭素がとけると、水は非常に弱い酸性になって、石灰岩などの岩石をとかしていくよ。

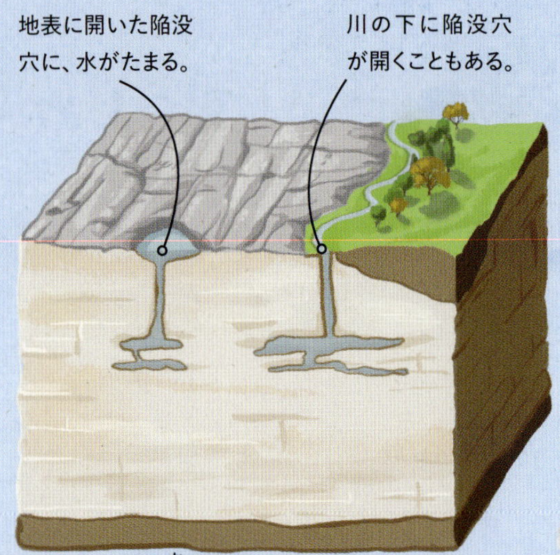

ゆっくり落ちる

雨や川の水が、石灰岩の割れ目に入りこむ。水は、ゆっくりと岩石をとかし、岩石にふくまれていた鉱物を取りこむ。

空洞ができる

ゆっくりと流れ落ちる水によって、岩石は侵食され、割れ目が大きくなっていく。やがて、地下に縦穴や空洞ができる。

世界一長い洞窟はアメリカ合衆国のマンモス・ケーブで、長さは640キロメートルをこえる。

にげていく水

水は、それ以上深くに行けなくなると、岩石をどんどんけずって、外へのにげ道をつくる。にげ出した水は、わき水や小川になる。

水は、外につながる穴を開けて流れ出る。

水は海へ向かう。

大きくなる

何千年、何百万年という年月をかけて、空洞は水のはたらきで大きくなっていく。場合によっては、空洞同士がつながってしまう。

ココも見て!

川(p.26〜27)のでき方や、地下水(p.30〜31)が地下に集まるしくみも調べてみよう。

水がぬける

水がにげ道を見つけると、空洞の中の水は減っていき、やがて空になる。これが鍾乳洞という洞窟だ。水がすべて地下に消えてしまうこともある。

つらら石と石筍がつながったものを、石柱という。

石の彫刻

鉱物がたくさんとけこんだ水が、洞窟の天井からしたたり落ちると、水だけが蒸発し、後には固体の鉱物がわずかに残る。この鉱物がどんどん大きくなったものが、鍾乳石だ。鍾乳石には、天井から垂れ下がった「つらら石」や、床からタケノコのようにのびる「石筍」などがある。

水を通さない岩石の層があると、水はそれより深くへ行けない。

ブルーホール 大きな洞窟は、海の中にもある。こうした洞窟は、大昔に石灰岩の中にできたもので、できた当時は陸地にあった。その後、海面が上がって、海にしずんだというわけだ。「ブルーホール」と呼ばれる海中洞窟の入り口は、洞窟の天井がくずれてできた陥没穴だ。

海食洞 洞窟は、海岸のがけにもつくられる。打ちよせる波によって、岩石の割れ目に水が入りこみ、ついには岩石がくだけて海食洞という洞窟になるんだ。海食洞は、アザラシや海鳥など、海の生き物のかくれ家になる。

氷の洞窟 氷河の氷がとけて、その水が海に向かって流れるときに、氷河の中に洞窟やトンネルができることがある。太陽の光が氷を通して差しこみ、洞窟のかべは美しい青色にかがやく。

火山島

海底で噴火した火山が成長して、海面の上に現れたものが、火山島だ。やがて、島には植物や動物が住むようになり、島の周りにサンゴ礁が広がることもある。そのうちに、火山はくずれて海にもどる。

海面から頭を出す

噴火が続くと、火山は成長して背が高くなり、海面から頭を出す。新しい火山島の誕生だ。そこが熱帯の海なら、島じゅうに植物が生え、火山島の周りにサンゴ礁が広がる。このサンゴ礁を「裾礁」という。

海面の上に現れてからも、火山は噴火を続ける。

海の中で噴火

海底で火山が噴火する。つまり、マグマというどろどろにとけた高温の岩石が、地殻の弱い部分をつきやぶって出てくるんだ。マグマが地表に出てきたものを溶岩という。しだいに溶岩が積み重なっていき、海の中に円錐形の山ができる。

海の中の火山活動について、熱水噴出孔(p.50〜51)も調べてみよう。

ハワイのホットスポット ハワイ諸島は、太平洋の下にあるホットスポットの上にできた島々だ。このホットスポットはいまも噴火を続けていて、いちばん大きな新しい島が南東部でつくられている。他の島々は、数百万年かけて、ホットスポットからはなれていくうちに、小さくなっていった。

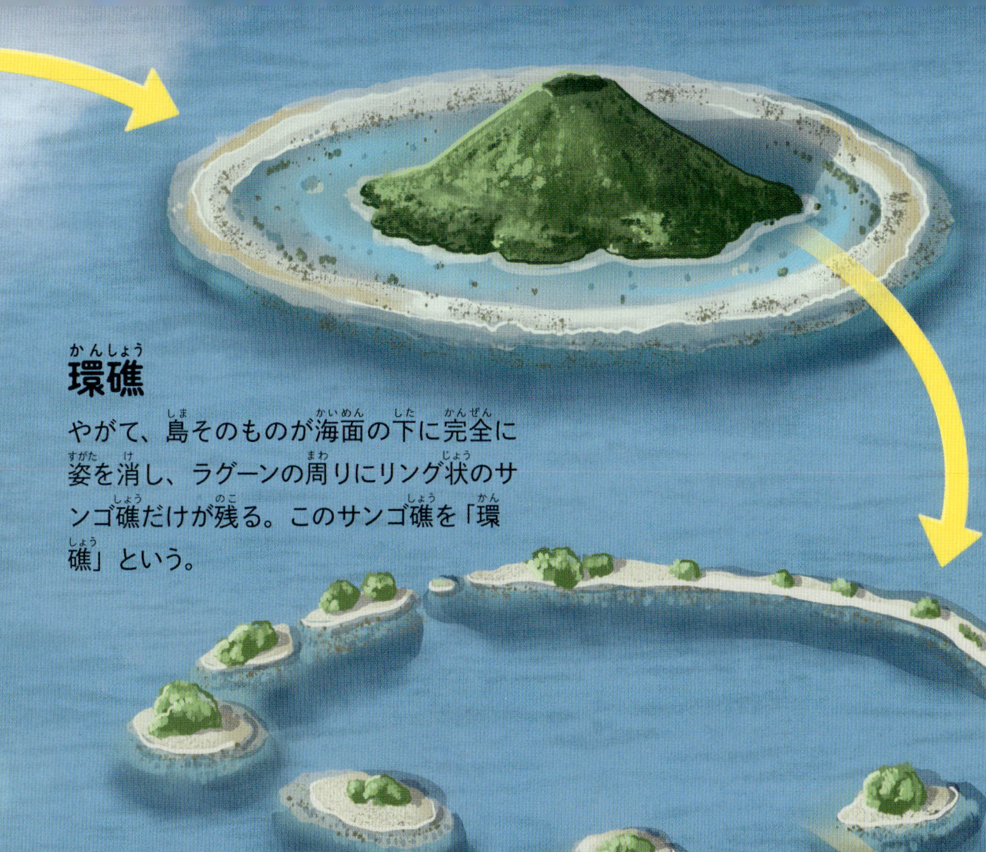

しずむ

数百万年たつと、火山は噴火をやめ、少しずつ海に侵食されて低くなっていく。いっぽうサンゴ礁は成長を続けるので、島とサンゴ礁の間に深いラグーン（礁湖）ができる。このサンゴ礁を「堡礁」という。

環礁

やがて、島そのものが海面の下に完全に姿を消し、ラグーンの周りにリング状のサンゴ礁だけが残る。このサンゴ礁を「環礁」という。

火山島の列

構造プレートが弱くて、マグマがのぼってきやすい場所を「ホットスポット」という。ホットスポットの上には、火山島ができる。構造プレートはゆっくり横に動いているが、ホットスポットの位置は変わらないので、新しく噴火するたびに、新しい火山島ができる。

構造プレートがホットスポットの上を移動することで、新しい火山ができる。

ホットスポットから遠ざかった古い火山は、もう火山活動をしていない。

古い島ほど、ホットスポットからはなれている。

構造プレート

地殻と上部マントルを合わせたもの

構造プレートが移動する方向

ホットスポット

マントル

地殻の下にある岩石の層

クラカタウ島　1883年、インドネシアの火山島クラカタウが、史上最大級の噴火を起こして、こなごなにふき飛んだ。その後、残っていた噴火口から、新たにアナック・クラカタウ島が現れ、いまも成長を続けている。

スルツェイ島　すべての火山島の周りにサンゴ礁があるわけではない。アイスランド沖のスルツェイ島のように、水が冷たすぎてサンゴが生きられない海に島ができることもある。この島は、1963年に海から姿を現した。

雪が降る

氷河は、冬に大雪が降るような、山の高い所で生まれる。雪はどんどん降り積もり、だんだん厚くなっていく。この雪をもとにして、氷河は成長していく。

斜面を下る

重い氷は、ゆっくり少しずつ斜面を下る——ふつうは1日に25センチメートルほどだ。いちばん下の氷の層がとけて、氷河は岩石の上をすべりやすくなっている。氷は岩石をけずり取り、小さくくだきながら、それを運んでいく。

雪から氷へ

しだいに、新雪が何層も積み重なって、下の雪はうもれていく。すると、雪と雪の間に閉じこめられていた空気が、少しずつおし出される。こうしておし固められた雪を、フィルンという。長い年月をかけて、フィルンは、かたい氷に変わっていく。

とけ出す

氷河が山のふもとまで来ると、氷がとけ始める。氷がとけることで、氷河が運んできた砂や砂利が外に現れるので、氷河の表面は汚れて見えることが多い。氷河が大きな岩石の上を流れれば、クレバスという深い割れ目ができる。クレバスは50メートル以上の深さになることもある。

ココも見て！

雪(p.24〜25)のでき方も調べてみよう。

氷河

世界各地の高山や北極・南極地方にある大きな氷の川は氷河とよばれるんだ。氷河は、斜面を非常にゆっくり流れながら、下にある地面をけずり取っていく。そして、海に流れこんで一生を終えるか、陸上でとけて川に流れこむことになるよ。

氷河の終わり

氷河のいちばん先頭を、氷河末端（英語では爪先や鼻先とも呼ばれる）という。氷河が川に流れこむと、氷は小さくくだけて、水にうかび、とけてしまう。いっぽう、海に流れこむと、巨大な氷のかたまりがちぎれて、海にうかび、氷山になる。これをカービング（氷山の分離）という。

氷床　南極大陸とグリーンランドは、氷床という厚い氷の層でおおわれている。氷の厚みは約2キロメートル。氷床も氷河のように、海のほうへすべり落ちている。

氷河がつくり出す風景　大昔、氷河時代というとても寒い時期があった。そのとき氷河がけずった谷に、海水が入りこんでできた地形が、フィヨルドだ。氷河時代、北ヨーロッパと北アメリカの大部分が、氷におおわれていた。

表層の海流

おだやかに見える海でも、その海水は川のように地球をめぐっている。これが海流だ。せまい範囲を流れる小さな海流もあれば、アマゾン川の何倍も大きく、何千キロメートルにもわたって流れる海流もある。その海流は、おもに風がつくり出しているんだ。海流は、大きな海の周りを、巨大な輪をえがくように流れているよ。

カリフォルニア海流は、北太平洋環流の一部として、南に向かって流れている。この海流が冷たい海水を運ぶので、北アメリカの西海岸はすずしい気候になる。

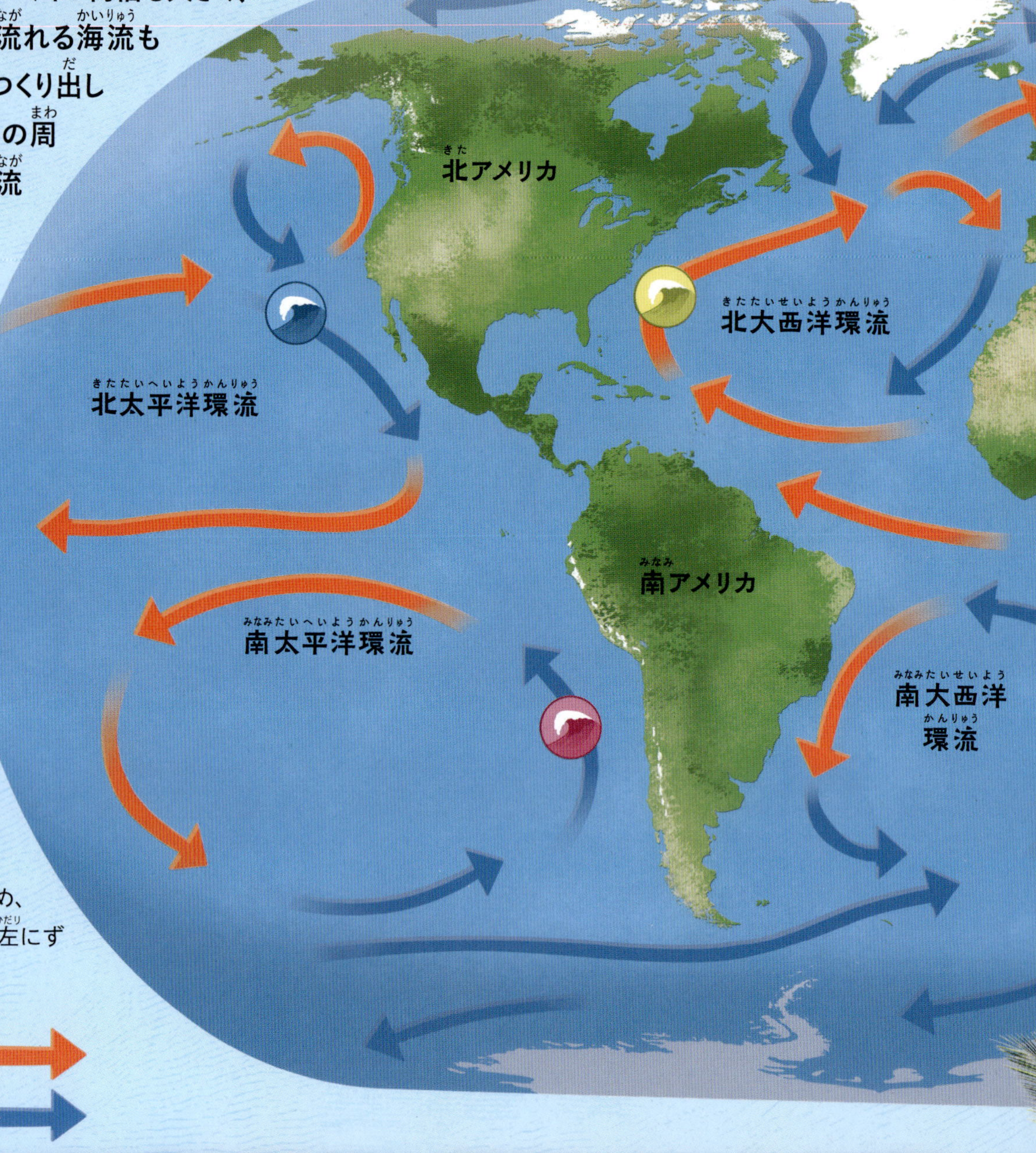

海流の始まり

海面の近くを流れる表層の海流は、海面の水が風に引きずられることで生まれる。海流は、環流という巨大な輪をえがきながら、陸地に沿って流れている。でも、風とまったく同じ方向に流れるわけではない。地球が自転しているせいで、海流はななめにカーブする。そのため、海流は北半球では右に、南半球では左にずれる。

あたたかい海流（暖流）

冷たい海流（寒流）

アタカマ砂漠 南アメリカ大陸の西岸に沿って北へ流れる寒流は、陸地の天候に大きな影響をあたえる。海水が冷たいと、その上を流れる空気は冷やされ、非常に乾燥するのだ。南アメリカ沖を流れる冷たいペルー海流（フンボルト海流）も、カラカラに乾燥した砂漠を生み出した。

メキシコ湾流 これは北大西洋の西部を流れる強力な暖流だ。この暖流がなければ、ヨーロッパ北西部はもっと寒い気候になるだろう。イギリスのシリー諸島にヤシの木が育つのも、この暖流のおかげだ。

メキシコ湾流は、北大西洋環流の一部として、北東に向かって流れている。強力な暖流で、毎秒およそ1億1300万立方メートルの水を運ぶ。

黒潮は、北太平洋環流の一部で、日本の南部をあたためている。

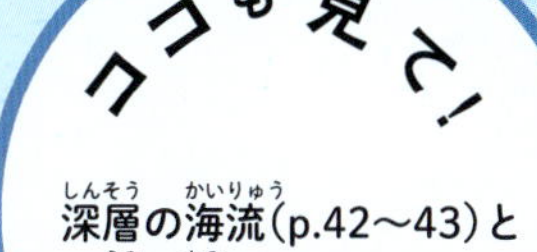

深層の海流(p.42〜43)と
海の波(p.44〜45)も
調べてみよう。

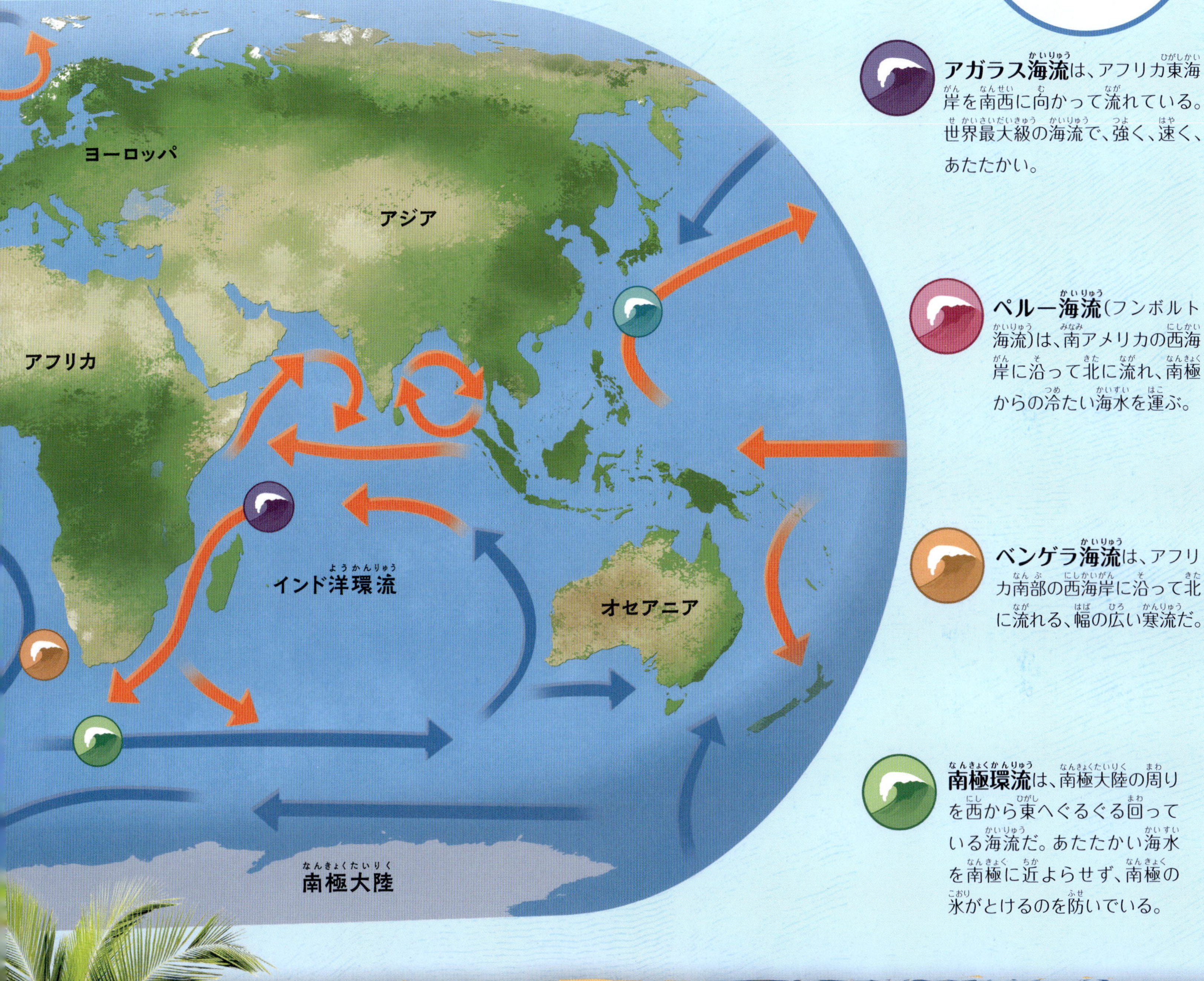

アガラス海流は、アフリカ東海岸を南西に向かって流れている。世界最大級の海流で、強く、速く、あたたかい。

ペルー海流(フンボルト海流)は、南アメリカの西海岸に沿って北に流れ、南極からの冷たい海水を運ぶ。

ベンゲラ海流は、アフリカ南部の西海岸に沿って北に流れる、幅の広い寒流だ。

南極環流は、南極大陸の周りを西から東へぐるぐる回っている海流だ。あたたかい海水を南極に近よらせず、南極の氷がとけるのを防いでいる。

黒潮 日本の東岸に沿って流れるこの海流は、1日に40〜120キロメートル進み、大きな川6000本分の水を運ぶ。あたたかい黒潮が栄養をもたらしてくれるおかげで、日本の海では漁業がさかんだ。

氷の海でスタート

北大西洋の冷たい海では、一部の海水がこおっている。海水のうち、こおるのは水だけで、塩分は残る。だから、こおらなかった海水は、塩分がこくて重くなり、海底にしずんでいく。

深層の海流

深い海では、海水が非常にゆっくりと動いている――あまりにおそいので、見ていてもその動きはわからないだろう。でも、じつは大量の海水が動いているんだ! 海水の密度のちがいが原動力となって、海全体が1つの大きなベルトコンベアのように、ゆっくりと回っている。

南に向かう

海底にしずんだ、塩分がこくて冷たい海水は、後からしずんできた海水におされて、大西洋を南に向かう。やがて、いちばん南の南極大陸にたどり着く。

ベルトコンベアが止まる? 科学者たちが心配していることがある。グリーンランドの南の海を調べたところ、深海のベルトコンベアがおそくなっていたんだ。地球温暖化によって、海水が以前ほど冷えなくなったうえに、(氷床の氷がとけて)塩分をふくまない水が流れこむことで、海水が軽くなっているからだ。ベルトコンベアを動かす重たい海水がなければ、完全に止まってしまうかもしれない。そうなれば、世界中で異常な気候が増えるだろう。

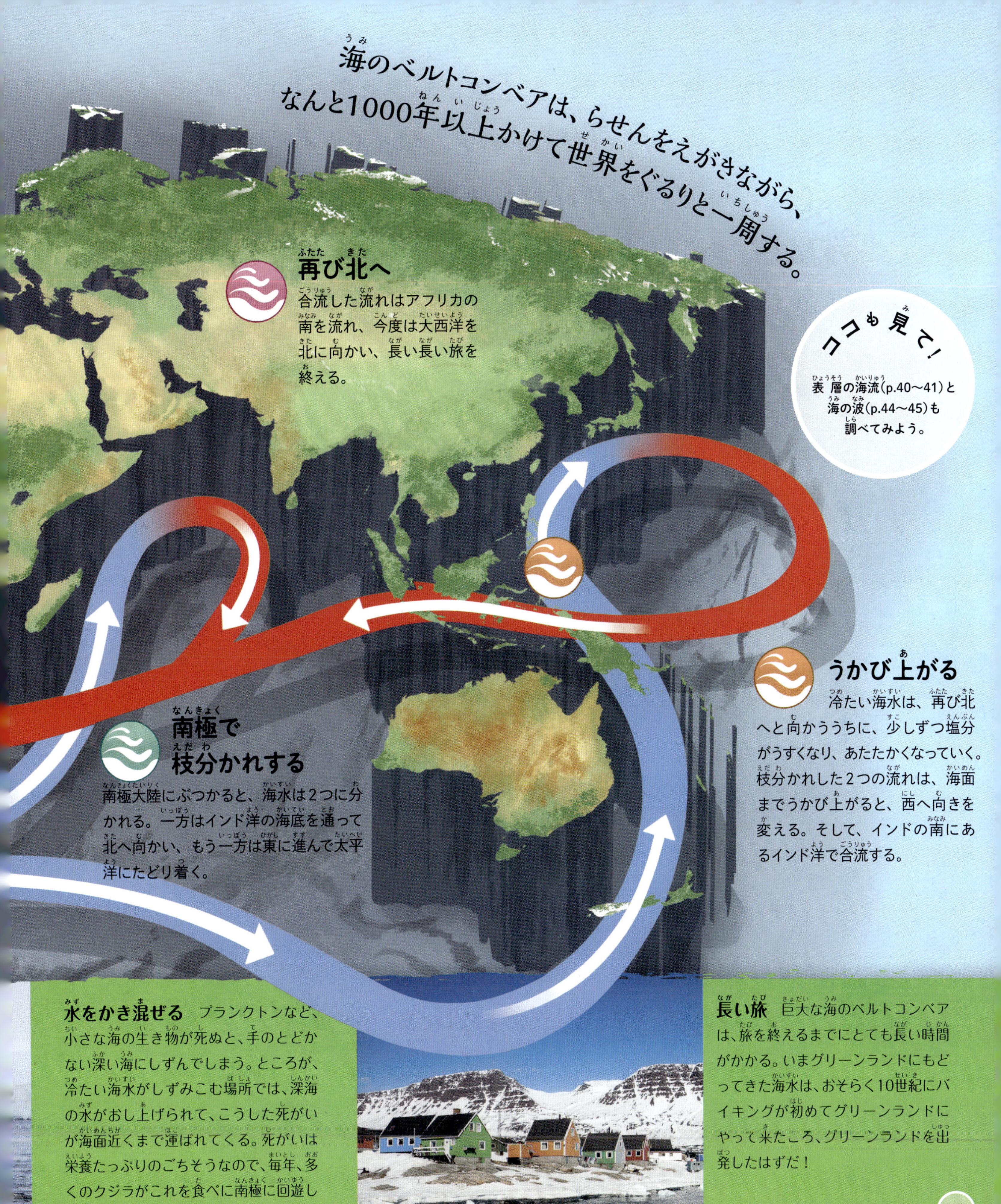

海のベルトコンベアは、らせんをえがきながら、なんと1000年以上かけて世界をぐるりと一周する。

南極で枝分かれする

南極大陸にぶつかると、海水は2つに分かれる。一方はインド洋の海底を通って北へ向かい、もう一方は東に進んで太平洋にたどり着く。

うかび上がる

冷たい海水は、再び北へと向かううちに、少しずつ塩分がうすくなり、あたたかくなっていく。枝分かれした2つの流れは、海面までうかび上がると、西へ向きを変える。そして、インドの南にあるインド洋で合流する。

再び北へ

合流した流れはアフリカの南を流れ、今度は大西洋を北に向かい、長い長い旅を終える。

ココも見て！
表層の海流（p.40〜41）と海の波（p.44〜45）も調べてみよう。

水をかき混ぜる プランクトンなど、小さな海の生き物が死ぬと、手のとどかない深い海にしずんでしまう。ところが、冷たい海水がしずみこむ場所では、深海の水がおし上げられて、こうした死がいが海面近くまで運ばれてくる。死がいは栄養たっぷりのごちそうなので、毎年、多くのクジラがこれを食べに南極に回遊してくる。

長い旅 巨大な海のベルトコンベアは、旅を終えるまでにとても長い時間がかかる。いまグリーンランドにもどってきた海水は、おそらく10世紀にバイキングが初めてグリーンランドにやって来たころ、グリーンランドを出発したはずだ！

海の波

海水はつねに動いていて、それは波となって現れる。海面にしわがよったような、小さなさざ波もあれば、大きな船をしずめてしまうような、巨大な波もあるよ。波ができる原因は、いつも風だ。海の上をふく風が、海面をおすことで、波ができるんだ。風が海面を引きずる力を「風の応力」という。

波が生まれる

陸から遠くはなれた海で、海面の上を強い風がふく。風が海面に当たって、さざ波が立つ。風がふき続けると、さざ波は積み重なって、回転を始める。

吹送距離

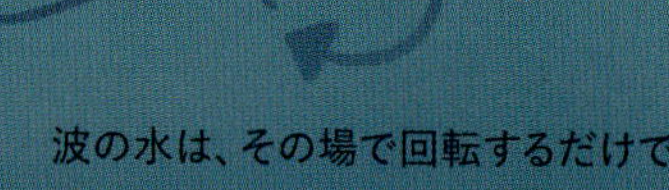

吹送距離とうねり

海の上を風がふきわたる距離を、吹送距離という。吹送距離が長ければ長いほど、そして風が強ければ強いほど、波は大きくなる。太平洋や大西洋のように大きな海では、吹送距離がとても長くなるので、「うねり」が発生することもある。うねりとは、くだけることのない規則的な大波のことで、遠くの海まで伝わる。

回転する

波のエネルギーは遠くまで伝わるが、波の中の水は、その場所で回転しているだけだ。回転することで海面が上がったり下がったりして、うねりが生まれる。海面にうかぶ海鳥が、前に進むことなく、その場所でプカプカ上下にゆれているのを思い出してほしい。

巨大な波 嵐になると巨大な波が発生するが、大きな波の高さをはかるのは難しい。とはいえ、公式に記録されている最大の波は、1933年に太平洋でハリケーンが発生したときに、アメリカ軍艦ラマポ号で測定された、34メートルだ。

タヒチのチョープーでは、世界一大きく危険な砕波が発生する。

くだけよせ波型の砕波
海底のかたむきが大きな海岸では、波が急に立ち上がって、勢いよく後ろにたおれる。

くずれ波型の砕波
海底のかたむきが小さな海岸では、波がまっすぐ上に立ち上がったあと、くだけながら海辺のかなりおくまで静かに進んでいく。

くだける
やがて、前にかたむいた波は不安定になって、くずれ、海岸に打ちよせる。これを砕波という。

おし上げられる
波が海岸近くの浅瀬までやって来ると、波の下のほうは海底にぶつかるが、波の上のほうは前に進み続ける。このため、波はおし上げられて、前にかたむく。

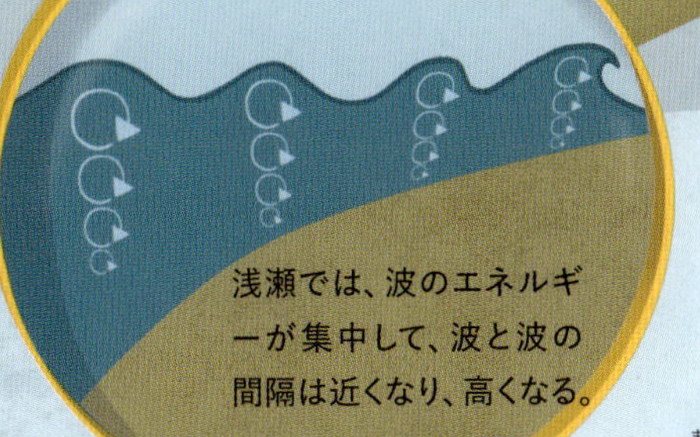

表層の海流(p.40〜41)と深層の海流(p.42〜43)も調べてみよう。

津波　津波は、地震や海底の地すべりによって発生する波で、数回にわたっておしよせる。ほとんどの津波は、海底に沿って速いスピードで進み、海岸近くの浅瀬に入ると、急に巨大な波になる。大きな被害をもたらすことも多い。

サーフィン　ペルーやポリネシアの人々は、何千年も前から、サーフィン(波乗り)をしていた。現在、サーフィンは2500万人以上が楽しむ世界的なスポーツになっている。

変化する海岸線

陸と海が接する場所のことを海岸線というんだ。海岸線は、つねに変化しているよ。数秒おきに波が海岸に打ちつけて、陸地をけずり、新しい形に作り変えているからね。しかも、人間の活動のせいで、地球は温暖化している。温暖化が進むにつれて、氷床や氷河がとけて、海に流れこむ水が増えているんだ。だから、海面が上がって、海岸の姿が大きく変わっている。

がけくずれ

がけは、がんじょうそうに見えるかもしれないけれど、巨大なかたまりが海にすべり落ちることもある。まず雨が、がけのてっぺんにある土や砂利、岩石にしみこみ、地面が重くなる。そこに波が打ちつけることで、がけはもろくなる。長い年月をかけて、どんどんもろくなり、ついにはくずれて、土や岩石が海に落ちる。

海食洞、アーチ、海食柱

海につき出した地形を、岬という。風や水が当たると、岩石でできた岬はけずられて、さまざまな形になる。波ががけの割れ目をけずり取ると、海食洞という洞窟ができる。海食洞がさらにけずられて、がけの反対側までつきぬけると、アーチになる。アーチは、けずられていくうちに、やがて自分を支えていられなくなり、くずれる。アーチの柱の部分だけが残ることがあり、これを海食柱という。

白亜(石灰岩の一種)でできた白いがけは、風や雨によって、少しずつけずられていく。

沿岸漂砂の方向

砂の動き

風の向き

移動する砂浜

風がいつも同じ向きにふく海岸では、波も、いつも同じ角度で海岸に打ちよせる。砂や砂利を砂浜に運んできた波は、海にもどるときに、砂もいっしょに引きもどす。これをくり返すうちに、砂は砂浜に沿ってジグザグに移動し、やがて海岸沿いの遠くはなれた場所に堆積する。これを沿岸漂砂という。

海にしずむ陸地

毎年、約3.2ミリメートルずつ海面は上昇している。わずかな上昇でも、多くの土地が水びたしになってしまう。家が水につかったために、海岸からはなれた内陸に移住しなければならない人が増えている。

世界の人口の約半分は、海岸沿いか、海岸から100キロメートル以内の場所に住んでいる。

水をせき止める

防潮堤は、波によって陸地がけずられるのを防ぐために、海岸沿いにつくられる。道路や建物を守るのにも役立つ。でも、防潮堤をつくるには多くのお金が必要で、野生動物が海岸に行きにくくなるおそれもある。

1回目の満潮（午前6時、日の出）

地球は自転しているため、この港では、毎日２回の満潮と２回の干潮がある。満潮のとき、海面はもっとも高くなる。船は海にうかび、海辺の動物たちは、海面下の見えない所で、動き回って食事をする。

1回目の干潮（真昼）

満潮から約６時間後、海面はもっとも低くなる。船は陸に乗り上げ、砂地が現れる（砂の城がつくれる！）。海辺に住む動物たちの多くは、再び潮が満ちてくるまで、深い海に移動したり、潮だまりにかくれたりしている。

干潮になって空気にさらされた動物たちは、水がもどってくるのをじっと待つしかない。

潮の満ち引き

地球上で月に近い場所では、月の引力に引っ張られて海がふくらむ。これは満潮というんだ。ちょうどその反対側にある場所でも、海はふくらんで満潮になる。逆に、2つのふくらみの中間にある場所は、海面が下がる。これは干潮とよばれているよ。

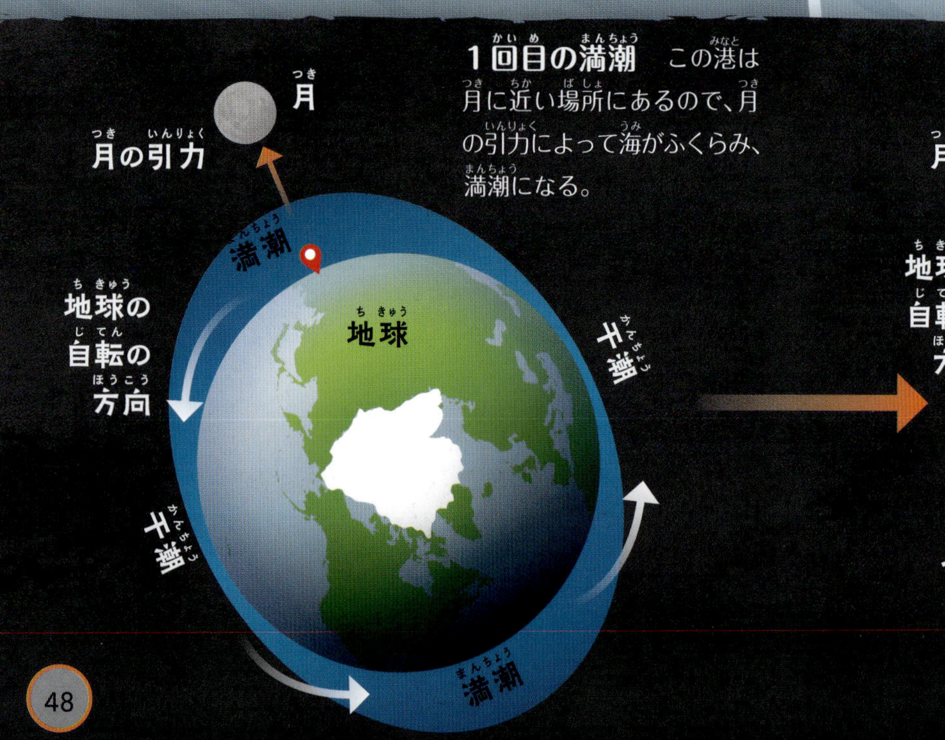

１回目の満潮　この港は月に近い場所にあるので、月の引力によって海がふくらみ、満潮になる。

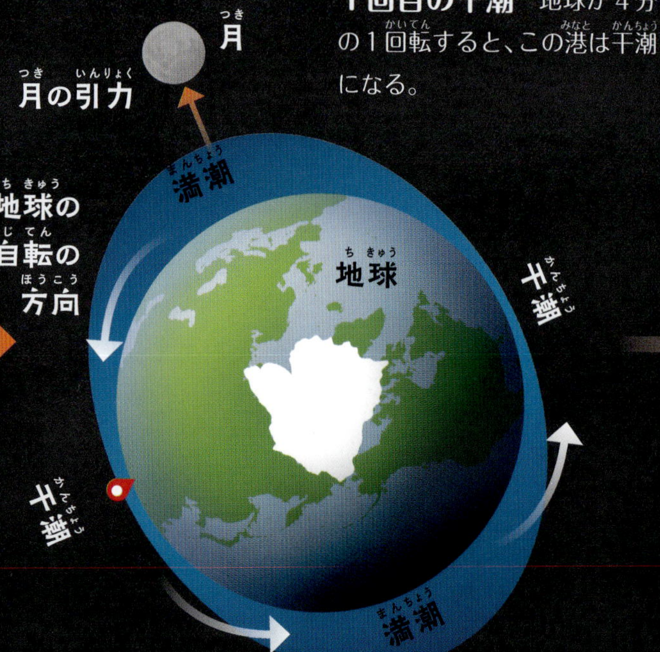

１回目の干潮　地球が４分の１回転すると、この港は干潮になる。

2回目の満潮(午後6時、日の入り)

さらに約6時間後、海面が再び上昇する。1回目の満潮と同じ高さになる地域もあれば、わずかに異なる地域もある。釣り人は、港にもどってきた魚をねらう。

2回目の干潮(真夜中)

さらに6時間後、再び干潮になり、船は再び陸に乗り上げる。今は真夜中だ。海岸に住む夜行性の動物（カニやキツネなど）が、食べ物を探すために海岸に現れるかもしれない。

さまざまな海の波(p.44〜45)も調べてみよう。

2回目の満潮 地球が半回転すると、この港は月と反対側のふくらみに入り、再び満潮になる。

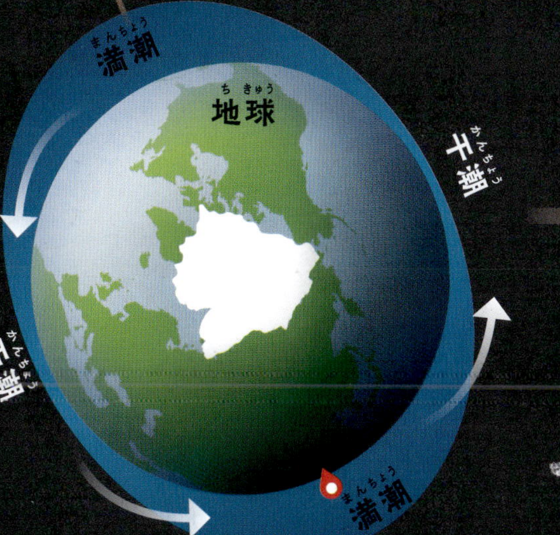

2回目の干潮 地球が4分の3回転すると、この港は2回目の干潮になる。

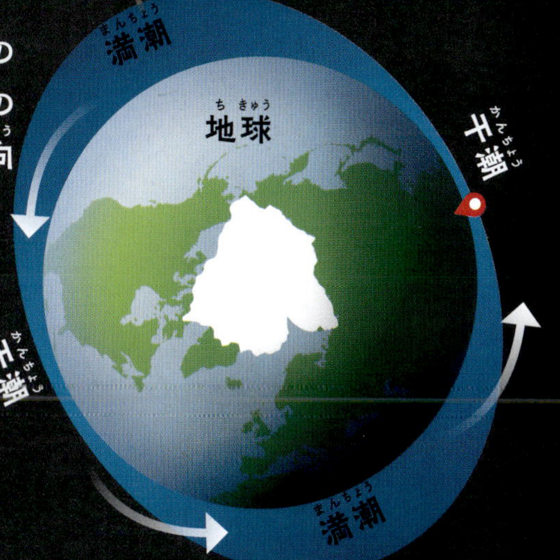

深海のえんとつ

暗い深海には、海底の割れ目から熱水がふき出している場所があるんだ。これは熱水噴出孔といって、海の中の間欠泉(32ページ)のようなものだ。ふき出す水は、非常に高温で、鉱物がたっぷりとけこんでいる。なんと、太陽の光がとどかない厳しい環境なのに、噴出孔の周りには生き物が元気に暮らしているよ。

えんとつのてっぺんからふき出す熱水は、けむりのように見える。熱水にとけこんでいる鉱物の種類によって、黒いけむりと白いけむりがある。

えんとつができる

ふき出した高温の熱水が、こおりそうに冷たい海水と混ざり合うと、とけていた鉱物の一部が固体になる。その鉱物は、海底にしずんだり、積み重なって高い「えんとつ」になったりする。

ココも見て!

マグマにあたためられた地中の水が、温泉や間欠泉になるしくみ(p.32〜33)も調べてみよう。

噴出孔のえんとつの高さは、大きいものでは55メートルにもなる。

しみこむ

熱水噴出孔は、火山活動がさかんな海底にできる。まず、深海の冷たい水が、地殻の岩石の割れ目やすきまからしみこむ。

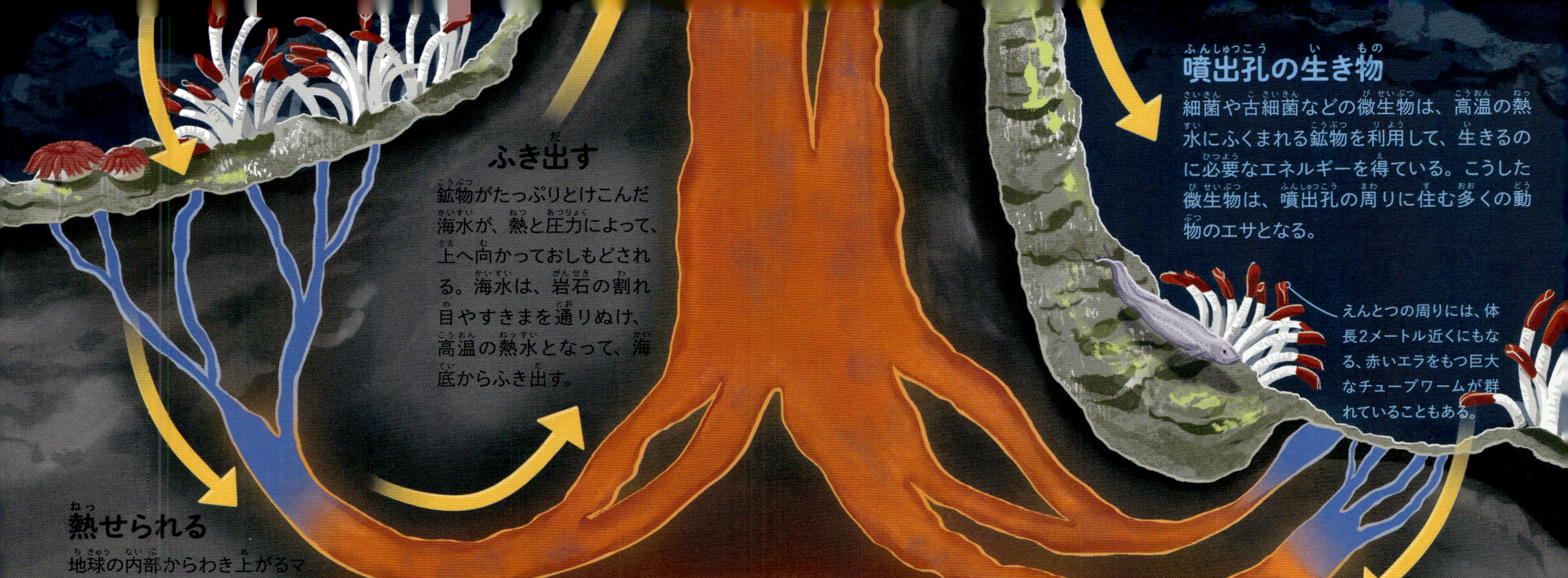

熱せられる

地球の内部からわき上がるマグマ（どろどろにとけた高温の岩石）によって、海水が熱せられると、地殻の鉱物が海水にとけこむ。海水は非常に高温になるが、とてつもなく大きな圧力がかかっているので、沸騰することはない。

ふき出す

鉱物がたっぷりとけこんだ海水が、熱と圧力によって、上へ向かっておしもどされる。海水は、岩石の割れ目やすきまを通りぬけ、高温の熱水となって、海底からふき出す。

噴出孔の生き物

細菌や古細菌などの微生物は、高温の熱水にふくまれる鉱物を利用して、生きるのに必要なエネルギーを得ている。こうした微生物は、噴出孔の周りに住む多くの動物のエサとなる。

深海を探る　1977年、潜水艇で深海を調査していた科学者たちが、熱水噴出孔を発見した。現在の深海調査は、海面にうかぶ船から、無人の探査機を操作して行うことが多い。

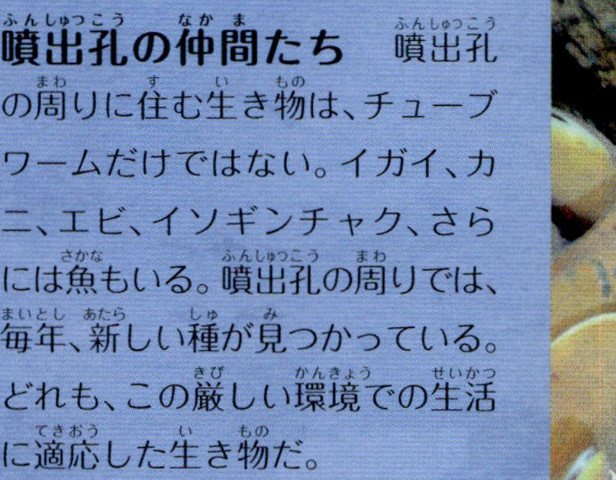

噴出孔の仲間たち　噴出孔の周りに住む生き物は、チューブワームだけではない。イガイ、カニ、エビ、イソギンチャク、さらには魚もいる。噴出孔の周りでは、毎年、新しい種が見つかっている。どれも、この厳しい環境での生活に適応した生き物だ。

水を利用する

水は、動物や植物から菌などの小さな生き物まで、地球上のすべての生命を支えている。ほとんどの生き物は、体の約70パーセントが水でできているんだ。植物が行う光合成や動物が行う消化など、生きていくのに必要なはたらきには、水が欠かせない。水は、私たちの体の中に入り、体の中を通って、体の外に出る。その水を、他の生き物がまた利用しているよ。

細胞の中の水

生き物は、細胞という小さな部品が集まってできている。細胞は工場のようなものなんだ。工場の中では、いろいろな機械が仕事をしていて、つねに物が出たり入ったりしている。どの細胞にも重要な仕事があって、細胞の中や周りで行われる作業は、すべて水の中で行われているよ。

動物の細胞

動物の体は、体内の水の量がちょうどよくなるように、うまくバランスが取れている。もし細胞が水を取りこみすぎれば、細胞がふくらんで、うすい細胞膜が破けることもある。

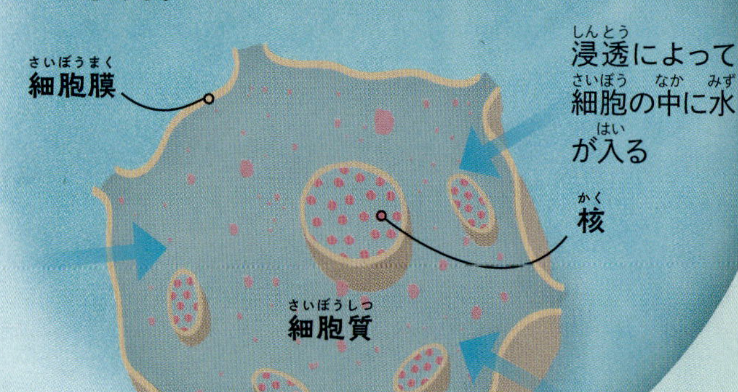

動物が飲んだ水は、体の細胞に行きわたる。

水を取りこむ

動物や植物の体に取りこまれた水は、「浸透」という現象によって、細胞の中に入っていく。浸透とは、うすい液からこい液に向かって、境にある膜を通って、水がしみこんでいくことだ。細胞は、細胞膜に囲まれていて、中にはこい塩や糖があるので、浸透によって水を吸収する。

植物の細胞

動物の細胞とはちがって、植物の細胞には、細胞膜の外側にじょうぶなかべがある。そのため、水を取りこんで細胞がふくらんでも、破けることなく、しっかりしている。だから骨や筋肉がなくても、植物はまっすぐに立っていられる。

水は浸透によって細胞に入る。

細胞質

植物細胞の水は、ほとんどが液胞にたくわえられている。

葉緑体は、光合成によって植物の食べ物をつくる。

細胞壁

細胞膜

核が細胞に指示を出す。

直立するタイプの植物は、たっぷり水をふくんだじょうぶな細胞をもっているので、垂れ下がることなく、まっすぐに立てる。

動物の細胞

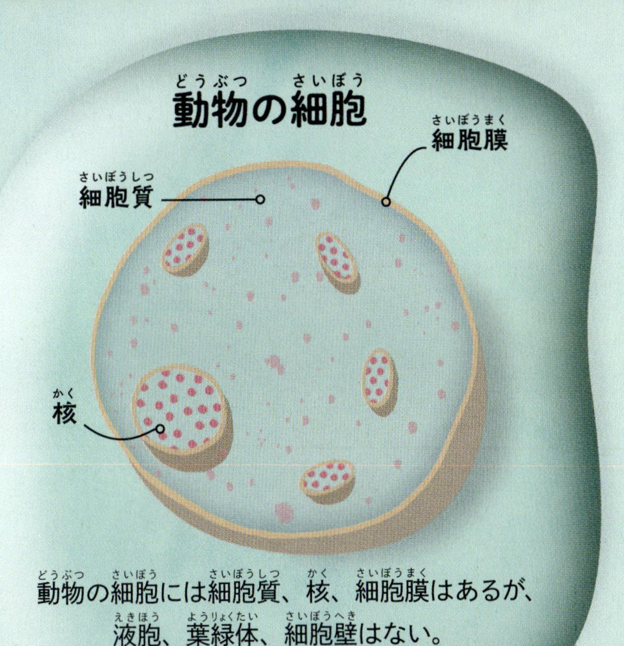

動物の細胞には細胞質、核、細胞膜はあるが、液胞、葉緑体、細胞壁はない。

バランスの取れた状態

動物でも、植物でも、細胞の中と外の液のこさが同じなら、浸透は起こらない。つまり、細胞膜を通って、水が入ってくることも出ていくこともないので、細胞がふくらんだり縮んだりすることはない。

植物の細胞

細胞膜は細胞壁に接している。

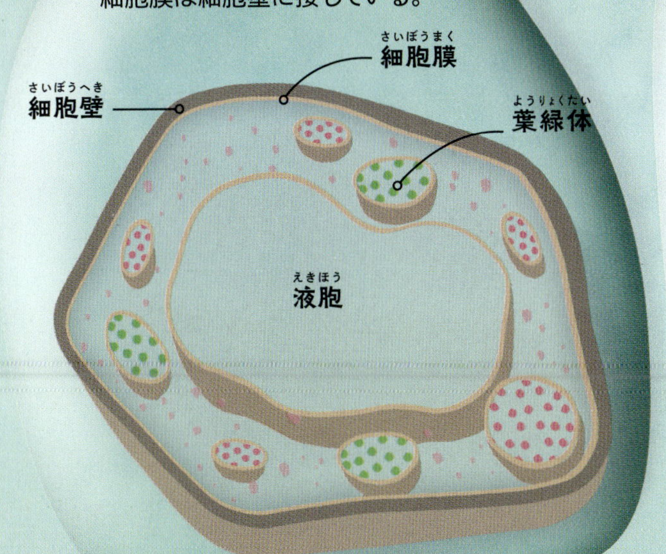

動物の細胞

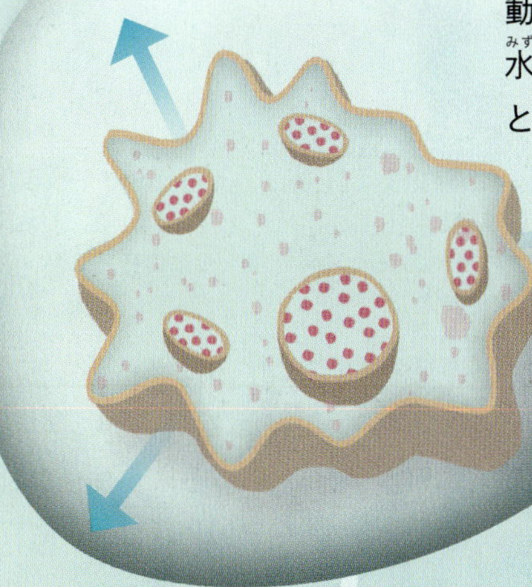

動物の細胞は、水が出ていくと、しぼむ。

犬は、汗をかいて体を冷やすのではなく、ハアハアと息をすることで、口から水を蒸発させて、体を冷やす。

水を失う

動物や植物の体が脱水状態になると、細胞の周りの水が減って、細胞内よりもこくなる。すると、浸透によって、細胞膜を通って細胞の水が外にしみ出す。

植物では、葉に開いた穴から、水が蒸発して出ていく。細胞がかたさを失うと、植物はしおれる。

植物の細胞

植物の細胞から水が出ていくと、細胞膜はしぼんでしまい、細胞壁からはがれる。すると、細胞壁と細胞膜のすきまに、外から液がしみこむ。

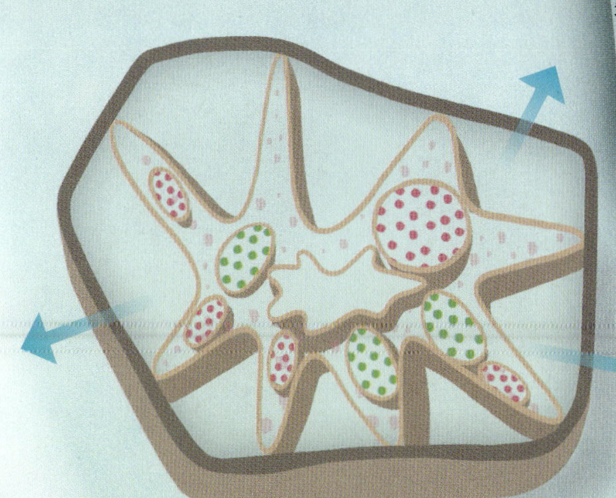

ココも見て！
水を利用した食事(p.58〜59)をする動物も調べてみよう。

葉から出ていく

葉が太陽にあたためられると、気孔という小さな穴が開き、そこから気体が出入りできるようになる。葉の中の水は、液体から気体に変わり、開いた気孔から水蒸気となって出ていく。これが蒸散だ。水が出ていった分だけ、また植物は水を吸い上げる。木部を流れるこうした水の動きを、蒸散流という。

葉の中

水を運ぶ木部の道管は、葉の中心から枝分かれしている。これが葉脈だ。水は、葉脈によって葉全体に行きわたり、その後、葉脈からしみ出して周りに広がっていく。

食べ物をつくる

葉は、太陽の光エネルギーを使い、葉の中の水と空気中の二酸化炭素を材料にして、自分の食べ物をつくる。この光合成という化学反応によって、糖などの栄養がつくられ、酸素がはき出される。葉にふくまれる葉緑素という緑色の色素が、太陽のエネルギーを吸収して、この反応を起こす。

食べ物を運ぶ

光合成でつくった食べ物（糖）が水にとけこむ。糖がとけこんだこの液は、師管という管を通って、上にも下にも流れ、植物の体じゅうに運ばれれる。この糖は、根、茎、葉、花にとって、成長に必要なエネルギーとなる。

植物の中の水

植物が育つには、水が必要だ。土の中の水が、根にしみこみ、管を通って葉にとどき、そこから蒸発する。水は、植物が自分の食べ物をつくる「光合成」という反応で使われたり、細胞内にとどまって細胞のかたさを保ったり、植物全体がまっすぐ立つのを助けたりしている。

茎を上る

木部の道管は、茎の中にある管だ。水は、この管を通って、植物のすみずみまで運ばれる。水分子はくっつき合う性質があるので、根から入ってきた水は、道管の中にある水に引っ張り上げられる。葉から水が出ていくことで、さらに水が引き上げられ、絶えず水が茎を上っている。

根に入る

どの根にも、細かい毛のような細胞がたくさんあり、それが土の中にのびている。そのおかげで、根の表面積が大きくなって、水をいっぱい吸収することができる。水は、浸透という現象によって根に入り、根の細胞を移動して、木部の道管という管に入る。

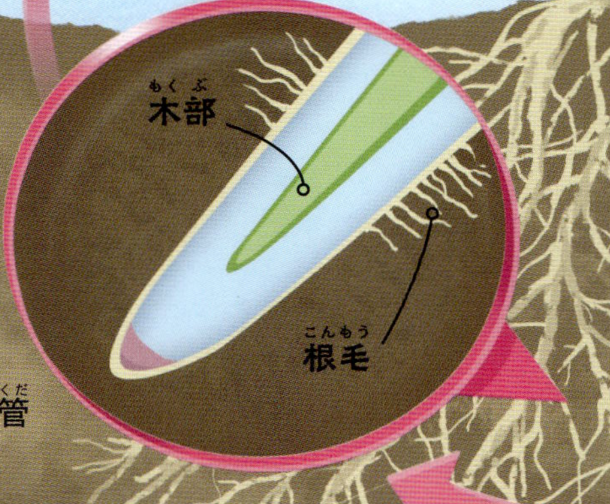

土の中

雨が降ると、水が土にしみこむ。その水は、岩石や土の間を移動しながら、それらをとかして栄養を取りこむ。岩石や腐葉土などからとけ出したミネラルは、水にとけた状態で、土の粒子の間に閉じこめられている。

水

砂漠の植物 葉が広くてうすければ、暑くて乾燥した場所では、蒸発によって大量の水を失ってしまう。だから、砂漠の植物は、姿を変えなければ生きていけない。葉から失われる水をできるだけ少なくするため、サボテンの葉は細いトゲになっている。葉の代わりに、水分をふくんだ厚い茎で光合成を行う。

適応 マングローブは、海水と淡水が混じる場所で育つ木だ。根は、海水の塩分をろ過できるように適応している。海水につかってもかれることはなく、なるべく蒸発しないように、厚い葉はワックスのようなものでおおわれている。

植物はなぜしおれるのか？
植物は、根から吸い上げる水よりも、葉から失われる水のほうが多くなったときに、しおれ始める。水が減ると、体をしっかり支えられなくなるからだ。雨が降らず、暑い乾燥した日が何日か続くと、しおれるおそれがある。

淡水…塩分をふくまない水のこと

水を利用した食事

水には水圧があるし、流れることや、ものをうかべることもできる。その水の動きを利用して、食べ物を見つける生き物たちがいるんだ。食虫植物は、水を使って獲物をつかまえている。岩石や海底に張りついて生きる動物の多くは、食べ物を探したくても動けない。そこで、動く代わりに、水にただよって来るものをつかまえて食べている。

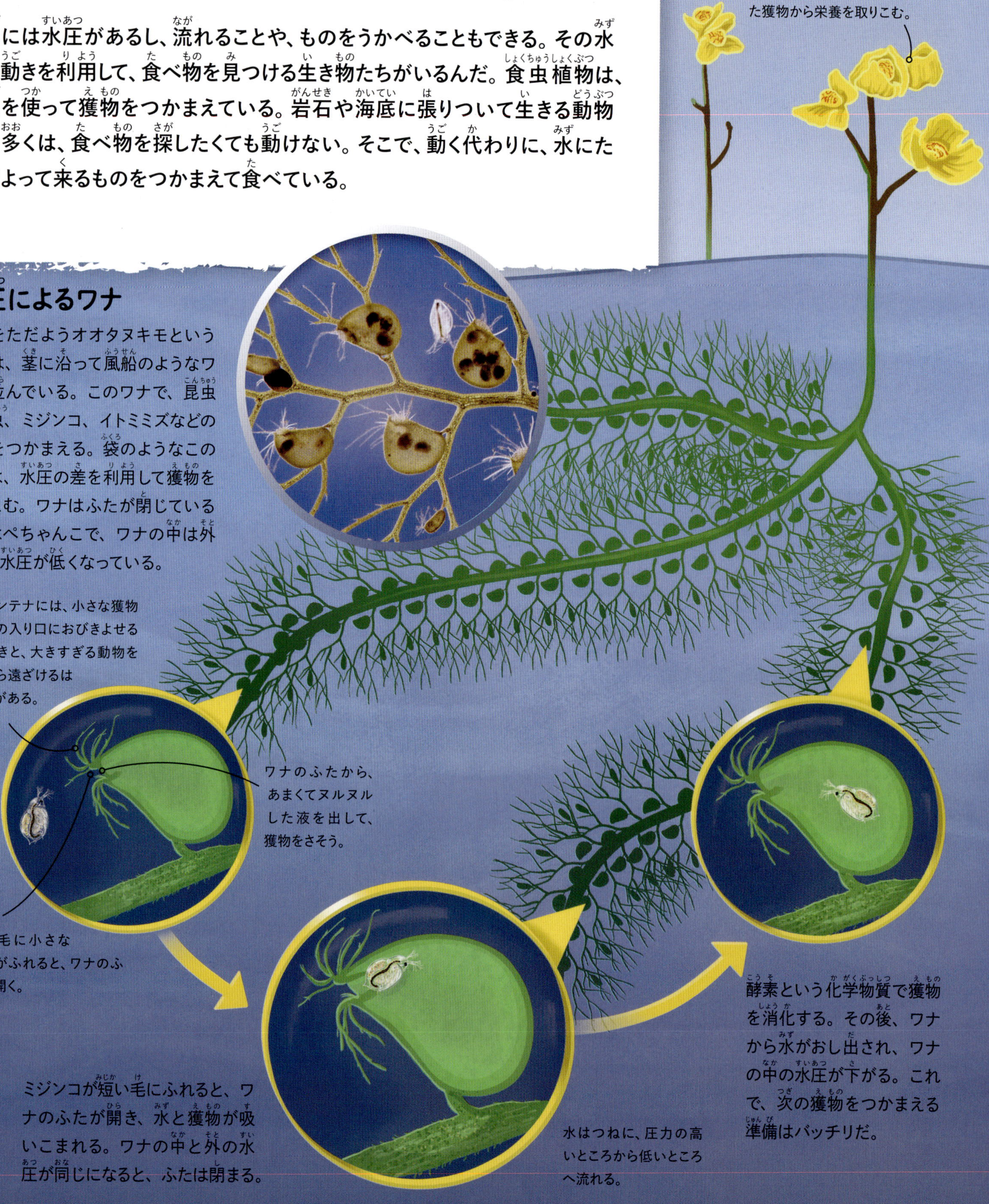

オオタヌキモは池、湿地、小川で育つ。根をもたない代わりに、水とつかまえた獲物から栄養を取りこむ。

水圧によるワナ

水中をただようオオタヌキモという植物は、茎に沿って風船のようなワナが並んでいる。このワナで、昆虫の幼虫、ミジンコ、イトミミズなどの獲物をつかまえる。袋のようなこのワナは、水圧の差を利用して獲物を吸いこむ。ワナはふたが閉じているときはぺちゃんこで、ワナの中は外よりも水圧が低くなっている。

このアンテナには、小さな獲物をワナの入り口におびきよせるはたらきと、大きすぎる動物をワナから遠ざけるはたらきがある。

ワナのふたから、あまくてヌルヌルした液を出して、獲物をさそう。

短い毛に小さな獲物がふれると、ワナのふたが開く。

ミジンコが短い毛にふれると、ワナのふたが開き、水と獲物が吸いこまれる。ワナの中と外の水圧が同じになると、ふたは閉まる。

水はつねに、圧力の高いところから低いところへ流れる。

酵素という化学物質で獲物を消化する。その後、ワナから水がおし出され、ワナの中の水圧が下がる。これで、次の獲物をつかまえる準備はバッチリだ。

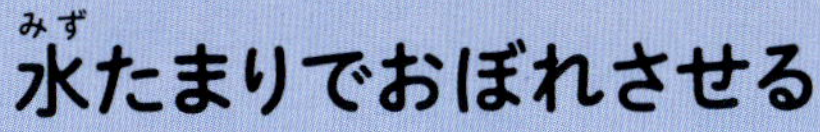

水たまりでおぼれさせる

タヌキモと同じように、ウツボカズラも食虫植物だ。ふくろのような形のワナがあり、その底に水がたまっている。ふくろのふちで、あまい蜜を吸おうとした昆虫は、足をすべらして、ふくろの中に落ちる。昆虫はおぼれ、酵素をふくむ水が、昆虫のやわらかい部分を消化する。

ワナの表面はワックスをぬったようにツルツルしていて、昆虫がすべりやすくなっている。

ウツボカズラのふくろは、葉先からのびた、長いつるの先にできる。

水の流れで集める

水の流れに乗って運ばれてきた食べ物が、ハエジゴクイソギンチャクとオオグチボヤの栄養となる。両方とも深海の海底に住む動物だ。どちらも流れに向かって、あみのようにワナを大きく広げ、エサを集める。

ハエジゴクイソギンチャクは、ワナの周りに触手が何本もあり、エサが入ってくると、ワナを閉じてつかまえる。

オオグチボヤは、大きく口を開けておき、流れてきた他の動物の食べ残しやエビを食べる。

エサをからめ取る

海岸や海底に住む動物のなかには、羽のような手足を使って、水中をただようエサを集めるものがいる。手足をふり回して、エサをからめ取るんだ。

ウミシダは、ヒトデに近い動物だ。腕を広げて、水中をただようエサをつかまえる。

エサをこし取る

多くの動物は、体の中に水を取りこみ、水をはき出すときに、エサのかけらや小さな動物をこし取る。海綿動物や二枚貝といった、海底にすむ動物だけでなく、多くの魚や一部のクジラも、エサをこし取って食べる。

海綿動物の内側には、短い毛がいっぱい生えている。この毛を動かして、海水を出し入れし、海水からエサのかけらをこし取って食べる。

人間の中の水

人間の体は、なんと3分の2が水だ。体の器官や組織は細胞からできていて、細胞がはたらくためには水が欠かせない。人間は食べ物や飲み物から水を取りこんで、おしっこ、うんち、汗として水を失うんだ。

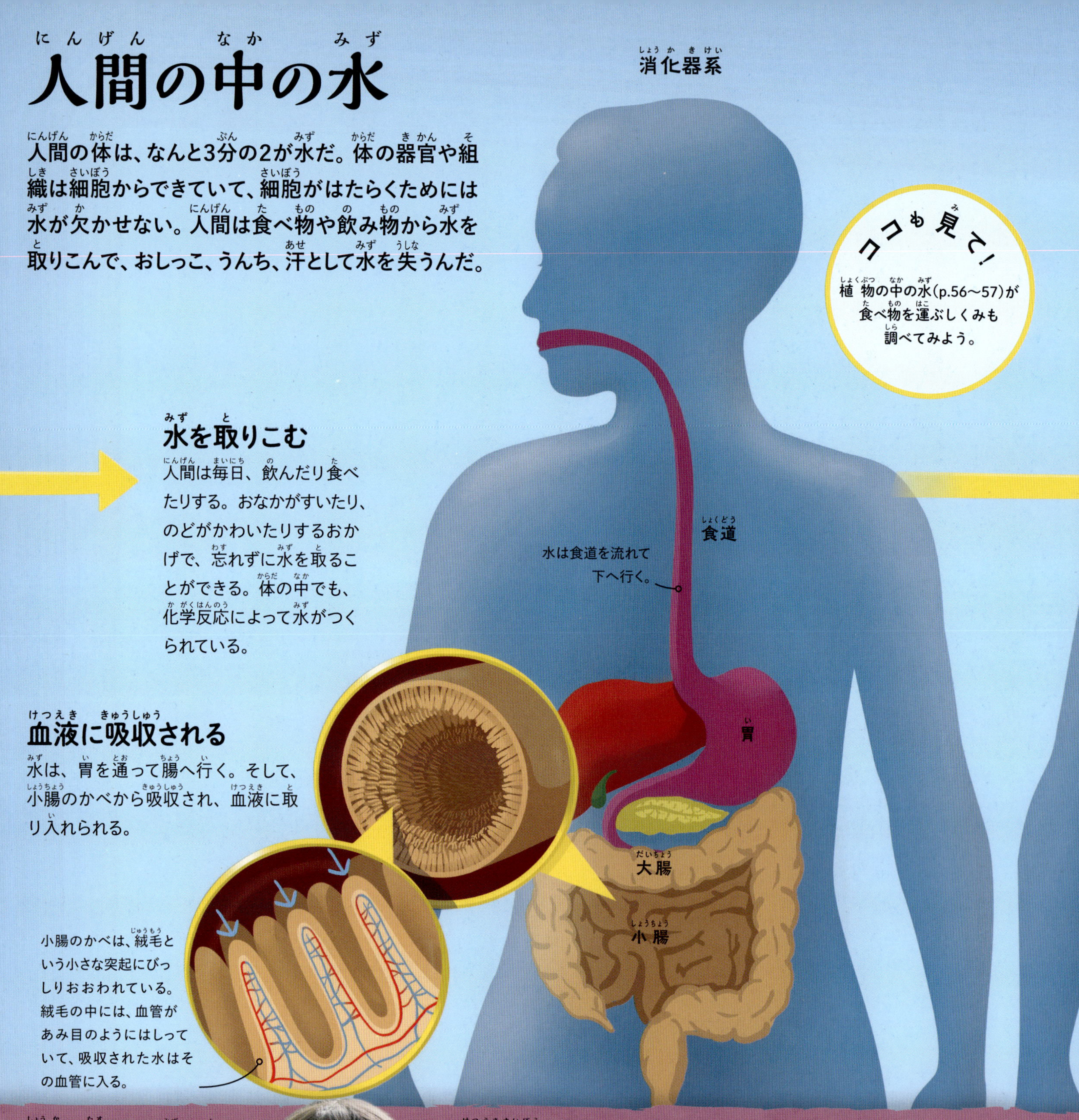

水を取りこむ

人間は毎日、飲んだり食べたりする。おなかがすいたり、のどがかわいたりするおかげで、忘れずに水を取ることができる。体の中でも、化学反応によって水がつくられている。

血液に吸収される

水は、胃を通って腸へ行く。そして、小腸のかべから吸収され、血液に取り入れられる。

小腸のかべは、絨毛という小さな突起にびっしりおおわれている。絨毛の中には、血管があみ目のようにはしっていて、吸収された水はその血管に入る。

消化を助ける 水は、食べ物が消化器系を通るのを助ける。水が多ければ、うんちはやわらかくなり、かたいうんちよりも体の外にすんなり出やすくなる。

血液細胞 血液は、血漿という液の中に、赤血球や白血球といった細胞がうかんでいる。赤血球は円盤のような形で、酸素を運ぶ。白血球は細菌やウイルスと戦う。

赤血球

循環系

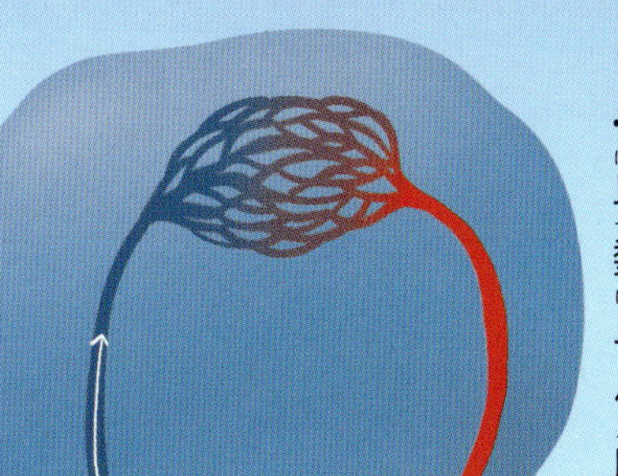

血液で運ぶ

血液は、血漿という液の中に、数種類の細胞がうかんだものだ。血漿はほとんどが水でできていて、化学物質がとけこんでいる。心臓は、血管という管を通して、ポンプのように血液を全身に送り出す。

心臓

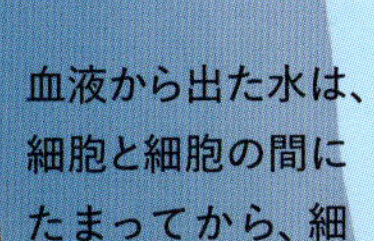

血液から出た水は、細胞と細胞の間にたまってから、細胞の中に入る。

細胞に吸収される

血液は、体じゅうの器官や組織に、水、食べ物、酸素をとどける。心臓がポンプのように血液を送り出すことによって、血管に力（血圧）がかかり、血液中の水や化学物質が、細胞へとおし出される。

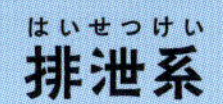

排泄系

汗をかくことで、皮膚から水が蒸発する。息をするときも、肺や気道から水が蒸発している。

尿をつくる

細胞から出た不要な化学物質は、血液で腎臓へ運ばれる。腎臓は血液をろ過し、不要物を取り除く。その不要物と余分な水が混ざったものが、尿（おしっこ）だ。尿管という管を通って、尿は膀胱にたまり、満タンになると、体の外に出される。

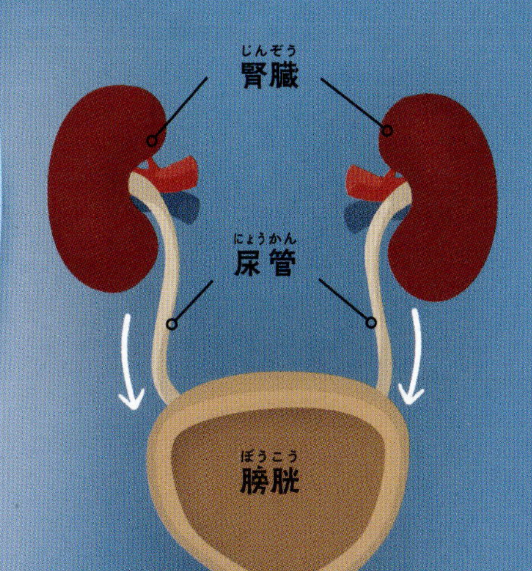

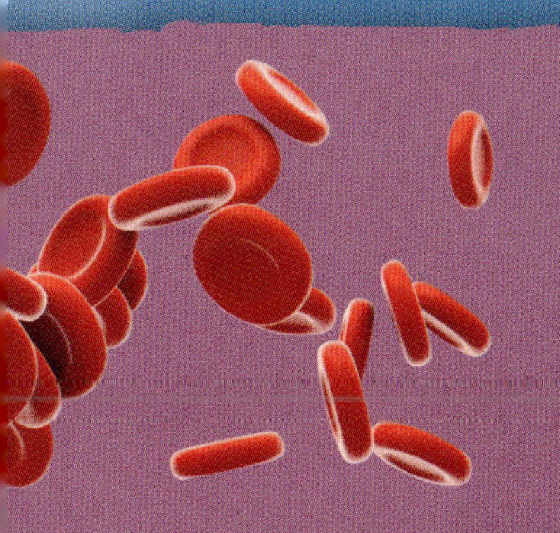

汗 汗には、体を冷やすはたらきがある。汗がつくられる場所は、皮膚にある汗腺だ。汗が皮膚の上で蒸発する（液体から気体になる）ときに、体から熱をうばってくれる。

脱水状態を乗りこえる

砂漠に住むラクダは、何日も飲まず食わずで旅をすることができる。ヒトコブラクダは、エネルギーを脂肪としてたくわえる背中のコブと、厳しい暑さや脱水状態にたえられる体をもっているので、暑くて乾燥したサハラ砂漠でも生きていけるんだ。

血液中の水が減ると、血管がせまくなる。それでも、血液細胞（赤血球）は、縮んで平たい楕円形になるので、血管内を流れることができる。

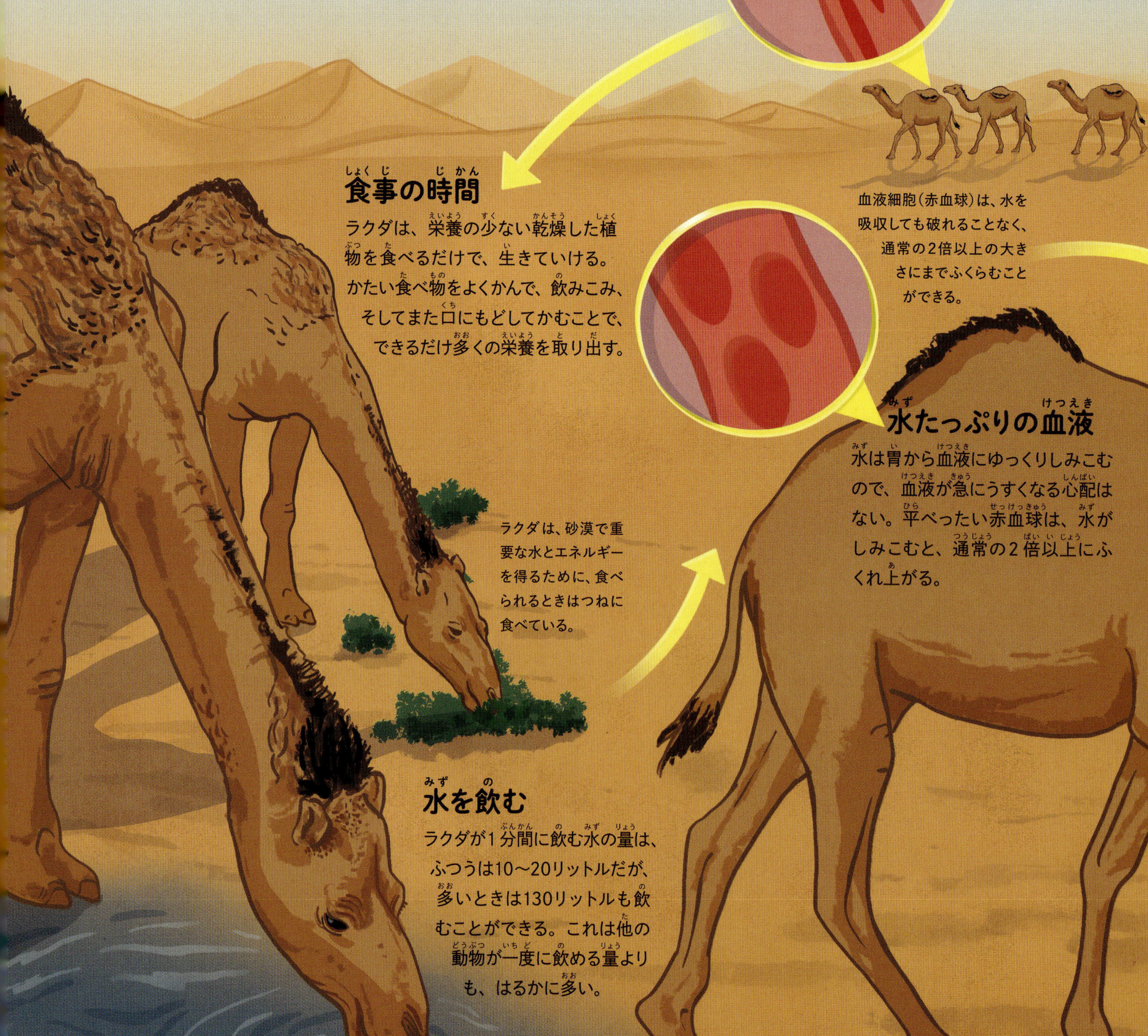

血液細胞（赤血球）は、水を吸収しても破れることなく、通常の2倍以上の大きさにまでふくらむことができる。

食事の時間

ラクダは、栄養の少ない乾燥した植物を食べるだけで、生きていける。かたい食べ物をよくかんで、飲みこみ、そしてまた口にもどしてかむことで、できるだけ多くの栄養を取り出す。

ラクダは、砂漠で重要な水とエネルギーを得るために、食べられるときはつねに食べている。

水たっぷりの血液

水は胃から血液にゆっくりしみこむので、血液が急にうすくなる心配はない。平べったい赤血球は、水がしみこむと、通常の2倍以上にふくれ上がる。

水を飲む

ラクダが1分間に飲む水の量は、ふつうは10～20リットルだが、多いときは130リットルも飲むことができる。これは他の動物が一度に飲める量よりも、はるかに多い。

脱水状態のラクダ

ほとんどの動物は、体の水の15パーセント以上を失うと死んでしまうが、ラクダはこの2倍を失ってもまだ大丈夫だ。ラクダの体の水が減れば、血液中の水も減る。

エネルギーを補給

食べ物が不足すると、コブに入っている脂肪を燃やして、エネルギーに変える。脂肪を使い切ると、コブはぺちゃんこになってしまう。

体を冷やす

ラクダの体は高温にたえることができる。だから、汗をかくのは、すごく暑くなったときだけだ。こうやって貴重な水が失われるのを防いでいる。

ラクダは、息をはくときに失われる水蒸気を減らすため、ゆっくりと深い呼吸をする。

腎臓

ラクダの腎臓は、血液をろ過し、余分な水と不要物を尿として出す。ラクダが脱水状態になると、出す水の量が減るので、尿はこくなる。

ココも見て!
人間がのどのかわきを感じ(p.66〜67)、飲み物を飲むまでのしくみも調べてみよう。

テマリカタヒバ(復活草) 砂漠に生える この植物は、葉が茶色くなって干からび、かれたように見える。でも、雨が降ると、みるみる水を吸って葉を広げ、緑色にもどる

オジロスナギツネ このキツネは水を飲まない！ 砂漠に住み、夜に狩りをする。獲物にふくまれる水や、体内で獲物を分解するときにできる水で生きている。

フタコブラクダ
アジアのゴビ砂漠に住むこのラクダは、冬は寒さから身を守るために、もじゃもじゃの毛でおおわれているが、春になると毛がぬける。ヒトコブラクダと同じように、乾燥した環境に適応している。

水を集める

砂漠のように、雨がめったに降らない乾燥した場所では、生きていくのに必要な量の水を見つけるのが難しい。生き物のなかには、こうした厳しい環境でも、できるだけ多くの水を集められるように、体の作りや行動を変えたものもいるよ。たとえわずかな水でも、生死を分けることがあるんだ。

朝露を飲む

アフリカのナミブ砂漠に住むゴミムシダマシは、朝露を飲む。海から霧をふくんだ風がふいてくると、風に向かって、逆立ちするみたいにおしりを高く上げる。こうすれば、体についた水滴が流れ落ちて、口に入るからだ。

霧を集める

サボテンはトゲがあるおかげで、動物に食べられないだけでなく、砂漠の霧から水滴を集めることもできる。水はトゲをつたって茎に流れ、根に集まる。サボテンのなかには、茎の表面から水を吸いこむものもある。

砂漠から水を飲む

オーストラリアに住むモロクトカゲは、うろこ状の皮膚を使って、地面から水を吸い上げる。トカゲが湿った砂に腹をおしつけると、水分が吸い上げられ、ウロコとウロコの間にある小さなみぞを通って、口へと集まる。もっと水がほしいときは、背中に砂をかけることもある。

水は、毛細管現象によって、小さなみぞから吸い上げられる。キッチンペーパーが水を吸い上げるのと、同じしくみだ。

水は体をつたって、トカゲの口の中に入っていく。

ウロコのみぞに水をためる

雨水をムダにしないため、すごい方法をあみ出したガラガラヘビがいる。雨が降り出すと、体をぐるぐる巻きにして皿のような形になり、その上にたまった水を飲むのだ。ウロコの表面には、迷路のような小さなみぞがあり、水が流れ落ちにくくなっている。ヘビはその水をぴちゃぴちゃなめる。

空気中の水を集める

乾季に水を集めるために、イエアメガエルは夜になると体を冷やしてから、巣穴や木のくぼみに入る。中に入ると、あたたかい空気にふくまれていた水が、カエルの冷たい体の表面で水滴になる（凝縮という）――冷蔵庫から取り出した冷たい飲み物の缶に、水滴がつくのと同じしくみだ。

巣穴や木のくぼみの中では、空気があたたかく湿っている。

カエルは皮膚から水分を吸収する。

体を左右にゆらしたり、おなかの羽を水の中でふったりして、水を羽にしみこませる。15分ほどで「満タン」になる。

水を運ぶ

サケイという鳥は、卵からかえってすぐに自分でエサをとれるが、水は父親が運んでくる。まず、父親は水たまりまで飛んでいき、おなかを水にひたす。おなかにはフェルトのような特別な羽があり、スポンジの4倍以上も水を吸い上げることができる。羽に水がしみこむと、父親はのどがかわいたヒナのもとへ帰る。

サケイの父親は、ヒナに飲ませる水を集めるために、往復で120キロメートル飛ぶこともある。

ヒナは、父親のぬれた羽をくちばしでしごいて、水を飲む。

のどがかわく

脳はいつも、体内の水の量をチェックしている。水の量が少なくなると、脳は化学的な信号を体に送って、正常な量にもどそうとするんだ。脳の信号のおかげで、「のどがかわいた」と感じて、私たちは飲み物を飲んで水をおぎなえるんだね。

汗

運動

運動をすると、体温が上がり、汗として体から水分が失われる。人間は汗をかくことで、熱をにがし、体を冷やしているんだ。

体の水が減る

血液などの体液にふくまれる水の量が少なくなると、血液がこくなる。この変化を脳の細胞が感じとって、脳は私たちに「のどがかわいた」と感じさせる。

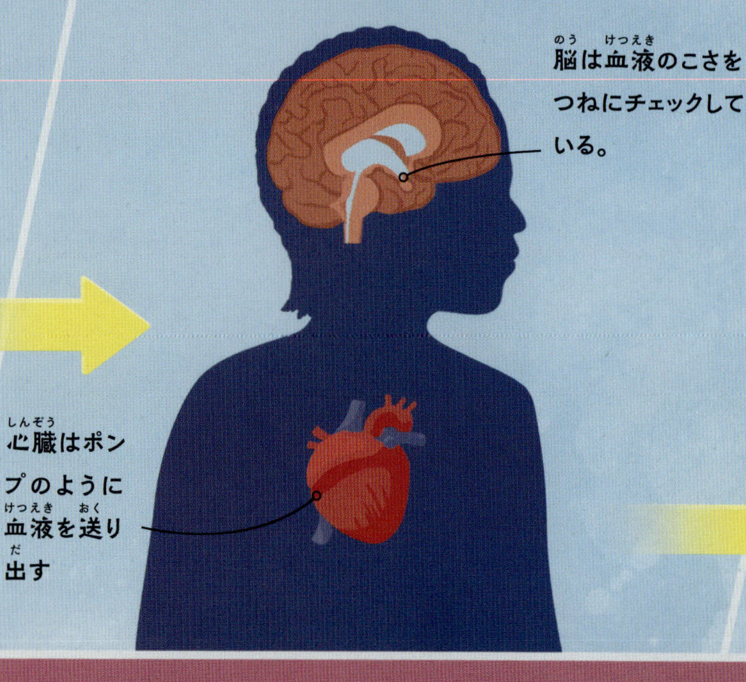

水を飲む量

水を飲むことで、血液や細胞に水が行きわたり、正常なはたらきができるようになる。必要な水の量は、体重、運動量、天候などによってちがってくるが、おおまかな目安として、1日に必要な水の量を紹介しよう。

1～3歳の子ども：0.8～1リットル

4～8歳の子ども：1.2リットル

9～13歳の女の子：1.5リットル

9～13歳の男の子：1.6リットル

ココも見て！

脱水状態を乗りこえるラクダ(p.62～63)や水を集める動物(p.64～65)も調べてみよう。

おしっこの色 脱水状態になると、腎臓はなるべく水を失わないようにする。だから、尿にふくまれる水が少なくなり、尿はこい色になる。水を飲むと、尿は水でうすめられるため、うすい色になる。

塩からい食べ物 食べ物にふくまれる塩分が、血液に吸収されると、血液がこくなる。すると、水が足りないときと同じように、脳や体が反応する――のどがかわいたと感じ、おしっこの水が減るんだ。

脳が信号を出す

血液のこさを感じる細胞があるのは、脳の中の視床下部という部分だ。その下には下垂体がある。視床下部は、下垂体に命令を出して、化学ホルモンを分泌させる。

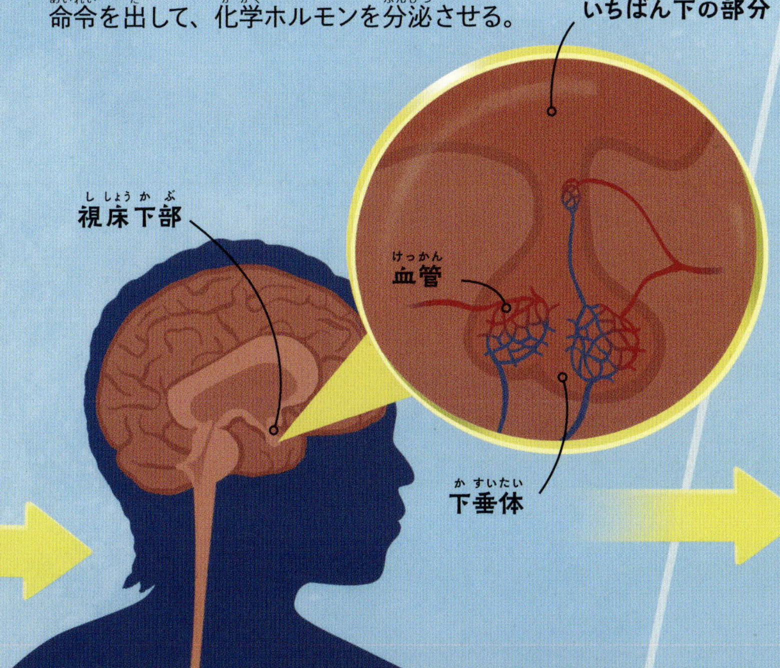

腎臓が反応する

ホルモンは血液中をめぐって、やがて腎臓にやって来る。すると腎臓は、血液中の水をなるべく失わないように、尿にふくまれる水を減らす。

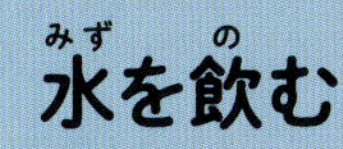

14歳以上の男性:
2リットル

14歳以上の女性:
1.6リットル

妊娠中の女性:
2.3リットル

水を飲む

飲んだ水が、血液に入るまでに5分かかり、体のすみずみに行きわたるまでに10分ほどかかる。水を飲みこんだときの体の感覚が脳に伝わると、「もうのどはかわいていない」と感じるようになる。そのおかげで、私たちは飲みすぎることがない。

膀胱のはたらき 尿は、膀胱という袋にたまる。膀胱がいっぱいになると、膀胱のかべがのびて、電気信号が脳に送られ、「おしっこをしたい」と感じる。おしっこをする準備ができたら、出口の筋肉がゆるんで膀胱が開くと同時に、膀胱のかべの筋肉が縮んで、おしっこが外へおし出される。

水に住む生き物

生き物は、何十億年もまえに、水の中で誕生した。いまでも、じつにさまざまな動物や植物が、水をすみかとしている——水面や水中で、生活し、成長し、子どもを残しているんだ。深海から、小さな池、流れの急な川まで、地球のいたるところで水の生き物が見られるよ。

水の中の暮らし

水の中で生活する生き物は、陸の上とはまったくちがった環境に、うまく対応しなければならないんだ。水は、空気よりも密度が高い（ぎっしりつまっている）から、水中では移動しにくいし、酸素の量も空気中より少ない。水に住む生き物は、水がある環境にぴったりの、体のつくりと生き方をしているよ。

細長く、とがった「流線形」の体は、水の中をスムーズに移動できる。

移動する

水中を移動するには、空気中を移動するよりも多くのエネルギーが必要になる。小さな生き物は、特にたいへんだ。水に住む動物は、体を左右にふって泳ぐものが多い。体の一部（ヒレなど）を使って進む動物もいる。動物プランクトンという非常に小さな動物は、流れに逆らって泳ごうとせず、流れに乗ってただよいながら移動する。

アホウドリは、水かきのついた足を使って、海面にうかびながら移動する。

カイアシ（写真）などの動物プランクトンにとって、水の抵抗はとても大きい。小さく軽い彼らが水の中を泳ぐことは、私たちがハチミツの中を泳ぐようなものだ！

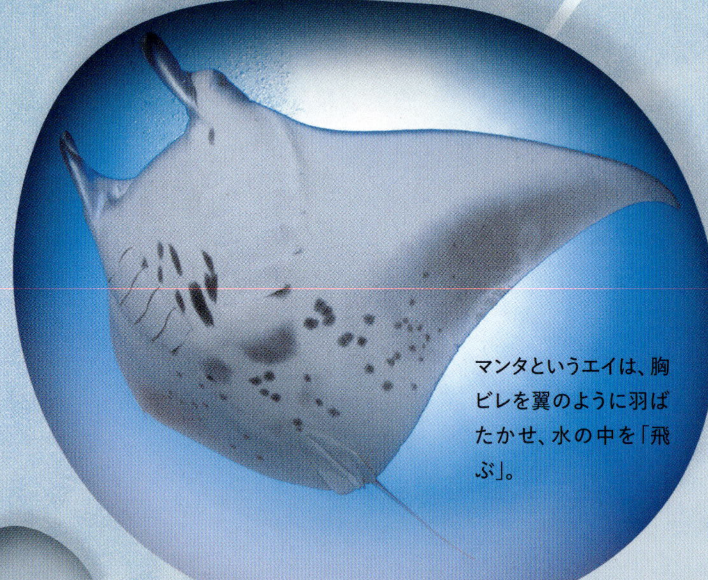

マンタというエイは、胸ビレを翼のように羽ばたかせ、水の中を「飛ぶ」。

サンゴは子孫を残すために、精子と卵が入った小さなカプセルを海に放つ。

シロナガスクジラは、これまで存在したなかで最大級の動物だ。

大型になる

水は空気よりも、体を支える力が強い。そのため、水中の生き物は、じょうぶな骨格（動物の場合）や、木部のように支える組織（植物の場合）がなくても、体を大きくできる。巨大なクジラ、クラゲ、海藻が、陸に打ち上げられたとたんに、ヘニャヘニャになるのもそのせいだ。

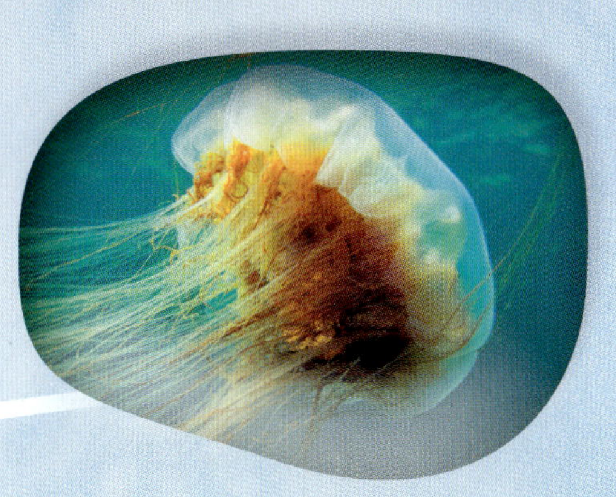

クラゲは体がやわらかいので、陸に打ち上げられると、海にもどれなくなる。写真は、世界最大のクラゲであるキタユウレイクラゲ。

酸素を取りこむ

魚をはじめとする多くの水の生き物は、エラという器官を使って呼吸し、水の中にある酸素を取りこんでいる。いっぽう、水の中で生活する哺乳類や爬虫類には、エラではなく肺がある。肺は空気の中にある酸素を取りこむので、こうした動物は、呼吸のために水面に上がってこなければならない。また、ほとんどの両生類は、水中で過ごす子どものうちはエラで呼吸し、陸上で過ごすおとなになると肺で呼吸する。

両生類はふつう、おとなになるとエラを失うが、アホロートルはおとなになっても、ピンク色の羽のようなエラで呼吸する。

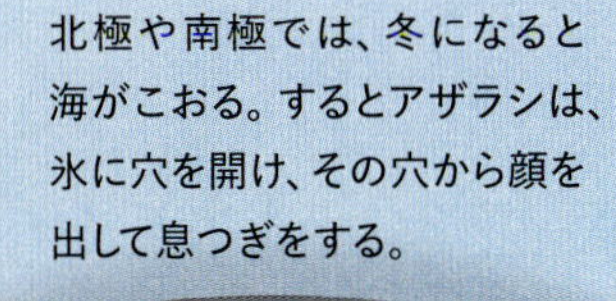

北極や南極では、冬になると海がこおる。するとアザラシは、氷に穴を開け、その穴から顔を出して息つぎをする。

赤ちゃんをつくる

精子が卵まで泳いでいって受精するには、水が必要だ。水の中に住むほとんどの生き物は、精子と卵を大量に放ち、受精するかどうかは運にまかせている。でも、卵が受精しやすいように、交尾をして精子を体の中に送りこむものもいる。

イルカが交尾すると、メスの体の中にある卵が受精する。

海のさまざまな環境

氷におおわれた北極や南極の海もあれば、あたたかい熱帯の海もある。また、波の立つ明るい浅瀬もあれば、大きな水圧のかかる暗い深海もある。このように、海の環境は場所によって大きくちがう。でも、どこの海にいようと、どんな深さにいようと、海の生き物は住んでいる環境に応じて、りっぱに生活し、エサを食べ、子孫を残しているんだ。

熱帯の海

地球の真ん中あたりにある熱帯では、太陽は一年じゅうほぼ真上にある。だから、熱帯の海はつねにあたたかい。熱帯の浅瀬に広がるサンゴ礁は、カラフルな海の生き物のすみかとなっている。

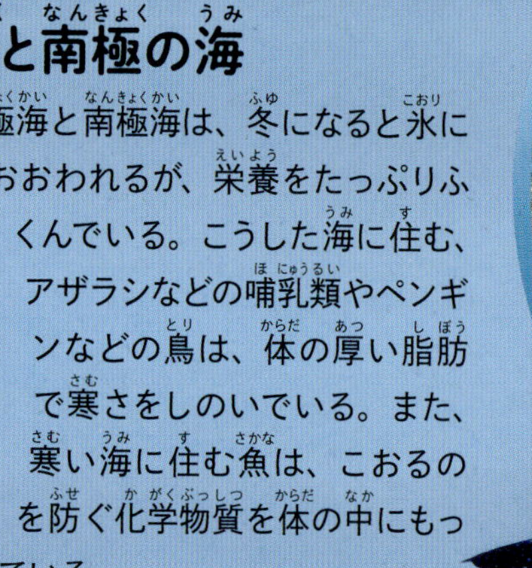

北極と南極の海

北極海と南極海は、冬になると氷におおわれるが、栄養をたっぷりふくんでいる。こうした海に住む、アザラシなどの哺乳類やペンギンなどの鳥は、体の厚い脂肪で寒さをしのいでいる。また、寒い海に住む魚は、こおるのを防ぐ化学物質を体の中にもっている。

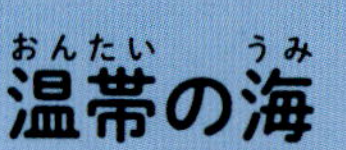

温帯の海

寒い北極・南極と暑い熱帯の間には、あたたかい温帯の海がある。イワシ、ニシン、カタクチイワシなどの大群は、エサとなる小さな甲殻類を求めて、温帯の海を泳ぎ回る。その群れを、大型の魚や海の哺乳類、海鳥がつかまえて食べる。

地球でもっとも深い場所は、西太平洋にあるマリアナ海溝で、なんと水深約1万980メートルもある。

海底が深く落ちこんで、みぞのようになっている場所を、海溝という。

サンライト・ゾーンには、さまざまな魚、カメ、クジラやイルカといった哺乳類などが住んでいる。

クラゲ

水深0〜200メートル

サンライト・ゾーン（有光帯）

ほとんどの海の生き物は、太陽の光がとどく、明るい海面近くに住んでいる。このゾーンでは、潮の満ち引きや、海流や、風によって海水がつねに動いているし、季節ごとに海水温も変化する。植物プランクトンと呼ばれる小さな藻類や、動物プランクトンがただよっていて、さまざまな海の生き物のエサとなっている。プランクトンが動物に食べられ、その動物もまた、自分より大きな動物に食べられる。

うす暗いトワイライト・ゾーンでは、できるだけ多くの光を集めるために、光にとても敏感な大きな目をもつ動物が多い。

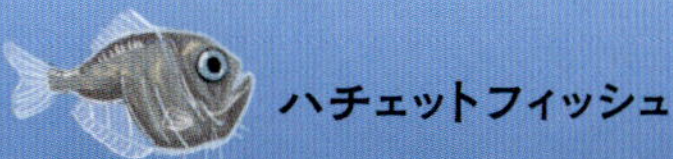

サメ

水深200〜1000メートル

トワイライト・ゾーン（薄明帯）

このゾーンにとどく太陽の光は、動物がものを見るには十分だが、藻類が生きていくには足りない。ここに住む多くの動物は、夜になると海面近くに上がってエサを食べ、昼になるとまたもどってくる。なかには、ここで動かずに獲物を待ちぶせして、巨大なアゴと歯でおそうものもいる。また、光を発して、天敵を追いはらったり、繁殖相手を見つけたり、獲物をおびきよせたりするものもいる。

コウモリダコ

水深1000〜6000メートル

ミッドナイト・ゾーン（暗黒帯）

不気味な深海は、真っ暗で、水がとても冷たい。しかも、上にある水の重みが、深海に住む動物たちに大きな水圧となってのしかかる。このゾーンにいる動物は、自分で光を発するものが多い。でも、目が見えず、聴覚や、触覚、ニオイ、水の動きを感じて、エサや繁殖相手を見つけるものもいる。

光を発する

うす暗い海や、とても暗い深海に住む動物は、ピカッと光ったり、ぼんやり光ったりするものが多い。これは、体の中に、化学反応を起こして光を出す細菌がいるからだ。これを「生物発光」という。

ペリカンアンコウ

深海には、動物の死がいのかけらが、雪のように降ってくる。それを食べる動物もいる。

センジュナマコ

水に住む生き物の歴史

地球は約45億年前に誕生した。しばらくすると、海が地球を覆った。水がたまったことによって、生命が誕生するために適した環境ができたんだ。最初の生命が誕生してから30億年間ほどは、小さすぎて肉眼では見えないような、単細胞の微生物ばかりだった。

深海の熱水噴出孔からふき出す水の中には、地下の岩石からとけ出した鉱物がふくまれている。

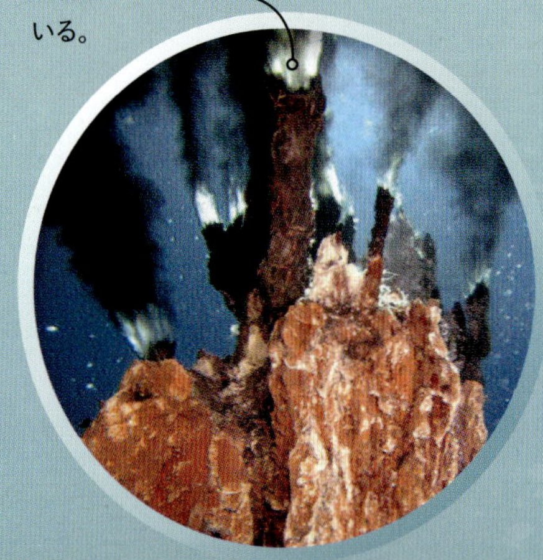

生命の始まり

生命は、熱水噴出孔（50ページ）で誕生したと考えられている。熱水噴出孔は、深海の海底にある割れ目で、鉱物をたっぷりふくんだ高温の水がふき出している。単細胞だった最古の微生物は、この熱水にふくまれる成分を取りこむことで、エネルギーを得ていた。

40億年前

酸素を出す生物

太陽の光が差しこむ浅い海に、光合成を行う微生物が現れた。光を集めて、自分が使うエネルギーに変えるわけだ。このとき、酸素という気体が出る。このおかげで、現在の海と大気には酸素があふれている。

青緑色のシアノバクテリアは、初めて光合成を行った微生物だ。

35億年前

多細胞の生物

ほとんどの微生物は、増えた酸素が毒となって死んでしまった。でも、一部の微生物は生き残り、やがてたくさんの細胞でできた大きな体をもつ生物が登場した。最初の海藻をはじめとする、藻類も誕生した。

最初の海藻は、微生物と比べればはるかに大きいが、それでもまだ数ミリメートルしかなかった。

10億年前

動物

最古の動物は、やわらかい体をしていた。海底にくっついて、水から栄養を取りこむものもいれば、はい回りながら、海底から栄養を得るものもいた。

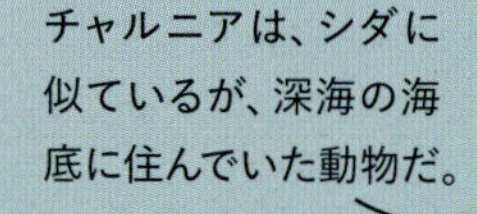

チャルニアは、シダに似ているが、深海の海底に住んでいた動物だ。

6億年前

5億4千万年前

5億2千万年前

4億8千万年前

4億3千万年前

4億2千万年前

たぶんアノマロカリスは、ミミズのようなやわらかい体の生き物を食べていたのだろう。

カンブリア爆発

カンブリア紀という時代に起こった環境の変化などによって、新しいタイプの動物がたくさん現れた。現在のクラゲやエビや二枚貝に似ている動物や、宇宙から来たような動物もいた！

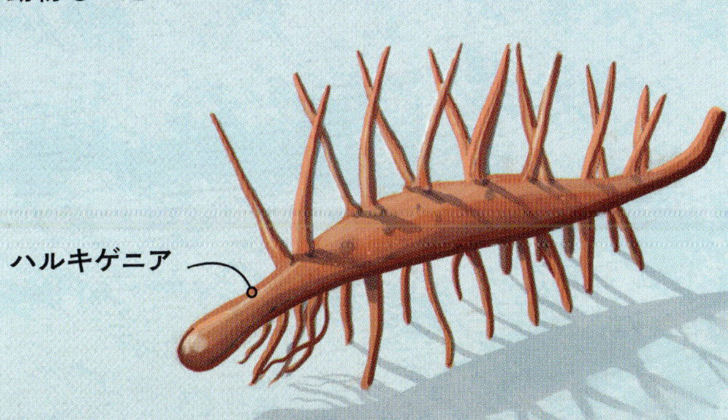

脊椎動物

最初の魚には、アゴがなかったので、海水や海底の泥の中のエサを吸い上げるしかなかった。

現在も、数は少ないが、アゴのない魚がいる。そのひとつがヤツメウナギだ。昔の祖先と同じように、骨格は軟骨でできている。

陸に住む初期の無脊椎動物には、体がかわくのを防ぐために、湿った土やどろにもぐっていたものもいる。

陸に上がる

小さな無脊椎動物（背骨がない動物）が水からはい上がり、海岸沿いにはコケのような植物が現れた。こうした生き物はまだ、水のある場所でしか子孫を増やせなかった。

ダンクルオステウス

アゴでかみつく

一部の魚はアゴを進化させ、大きな食べ物をかみくだけるようになった。その中には、ダンクルオステウスのようにヨロイをまとった板皮類という魚たちがいた。

この化石標本のように、ヒレに細い筋の入った魚は、海の魚のなかで最大のグループになった。

かたい骨の骨格

かたい骨の骨格をもつ魚が登場した。こうした魚は、細い筋の入ったヒレをもつ魚と、ぶ厚いヒレをもつ魚に分けられる。

爬虫類

一部の両生類は、ウロコのような皮膚をもち、長いあいだ水から出ていられるように進化した。やがて、陸上でも乾燥しないからのかたい卵を産むようになった。これが最初の爬虫類だ。

ほとんどの爬虫類は、からのかたい卵を産む。卵の中には液体が入っていて、赤ちゃんはそこで成長してから生まれてくる。

両生類

ティクターリクのように、厚いヒレをもつ魚のなかには、よたよたと陸に上がれるものもいた。こうした魚は肺を進化させ、最初の両生類が誕生した。両生類は、卵がやわらかいので、水の中にもどって卵を産む必要があり、子どもも水の中で生活する

三葉虫という海の生き物は、気候や海の環境が変化したために姿を消した。

大量絶滅

激しい気候変動（おそらく火山の噴火が原因）が起こり、海に住む生き物の約90パーセントが絶滅した。水の中で生活していた動物よりも、爬虫類のように陸上で生活していた動物のほうが、生きのびるものが多かった。

カメ

身を守る甲羅をもつ爬虫類は、何百万年ものあいだ陸上に住んでいたが、その後、海にもどったものもいた。やがて足が、泳ぐのに適したヒレのような形に進化して、現在のウミガメのような姿になった。

海の巨人たち

何千万年ものあいだ、爬虫類が陸・海・空の全てで繁栄した。陸上では、恐竜が君臨し、海では、魚竜やクビナガリュウといった巨大な爬虫類が、魚などの獲物を求めて泳ぎ回っていた。

クビナガリュウの手足はヒレ状で、首がとても長いものもいた。

3億7千500万年前

3億2千万年前

2億5千万年前

2億年前

1億2千万年前

ティクターリクは、ヒレが太くて、エラも肺も両方もっていた。

アーケロンというカメは、体長が4.6メートルにもなった。これは、現在もっとも大きいオサガメの2倍以上だ。

1億年前

6千600万年前

6千万年前

5千万年前

現在

衝突で大量絶滅！

巨大な小惑星が地球にぶつかったせいで、地球はチリやススでおおわれ、寒くなった。恐竜は間もなく絶滅し、魚竜やクビナガリュウなど、多くの動物も絶滅した。

衝突によってまい上がったチリが、太陽の光をさえぎり、寒くて暗い状態が何年も続いた。

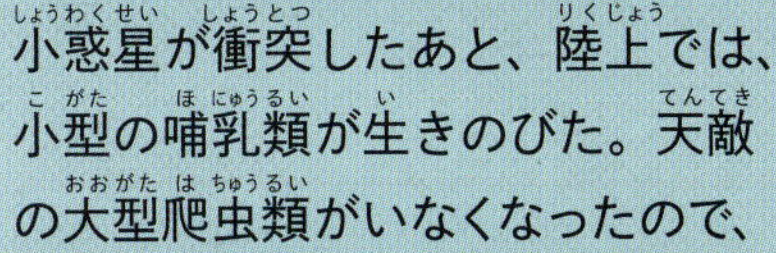

海の哺乳類

小惑星が衝突したあと、陸上では、小型の哺乳類が生きのびた。天敵の大型爬虫類がいなくなったので、哺乳類は栄え、多くの哺乳類は体が大型化した。なかには、水の中で生活できるように進化したものもいて、クジラ、アザラシ、マナティーといった、海の哺乳類が登場した。

クジラのなかには、歯がない代わりに、ゴワゴワしたヒゲ板で、水の中の食べ物をこし取って食べるものもいる。

ワニ

ワニのもっとも古い祖先は、陸上で生活し、足を体の真下に伸ばして歩く爬虫類だった。でもその後、ワニは水辺で生活するようになった。昔のワニのなかには、完全に海で生活していたものもいた。

現在のワニは、主竜類という爬虫類グループの生き残りだ。このグループには、恐竜、鳥類、空飛ぶ翼竜などもふくまれる。

メガロドンの巨大な歯の化石（下）と、現在のホホジロザメの歯（上）。

サメが主役に

サメは小惑星衝突による大量絶滅を生きのびた。海に大型の爬虫類がいなくなったので、サメは新たな大型の捕食者として海に君臨した。メガロドンは、体長が18メートルにもなった。

プラスチックごみと汚染によって、海の生き物がたくさん死んでいる。

海の生き物が危険な状態に

現在、人間の行動のせいで、海の生き物が危険にさらされている。沿岸の開発によって、海にすむ生き物の生息地が破壊されているだけでなく、地球温暖化によって、氷河や北極・南極の氷がとけ、海水の温度が上がり、海が酸性化している。

クラゲ

体がすき通っていて、海のお化けみたい。ミズクラゲは、世界中の沿岸に住んでいる、ごくありふれたクラゲだ。「おとなのクラゲ」として、傘のような姿で自由に泳げる期間は、すごく短い。一生のほとんどを、海底にくっついて過ごしている。

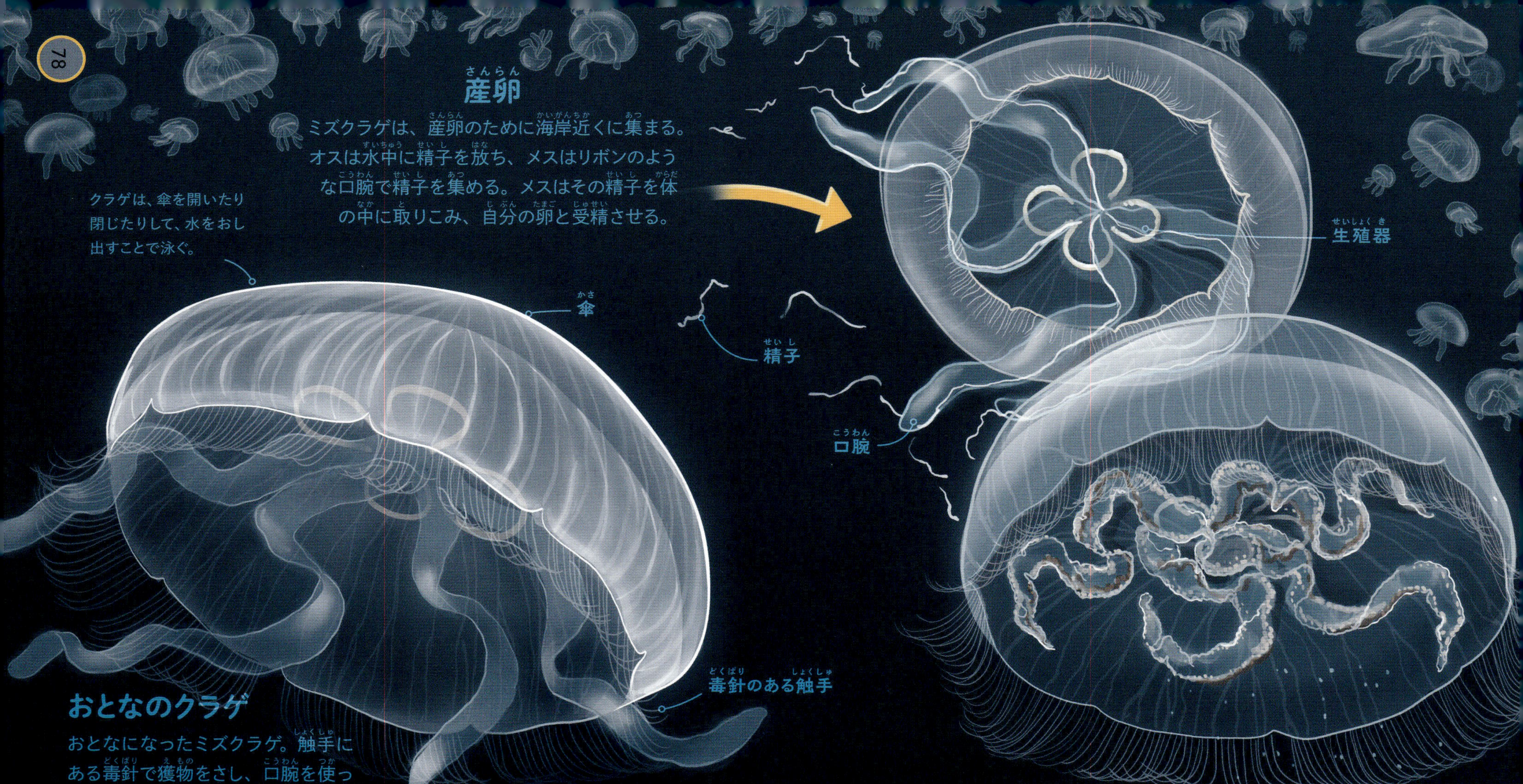

産卵

ミズクラゲは、産卵のために海岸近くに集まる。オスは水中に精子を放ち、メスはリボンのような口腕で精子を集める。メスはその精子を体の中に取りこみ、自分の卵と受精させる。

クラゲは、傘を開いたり閉じたりして、水をおし出すことで泳ぐ。

おとなのクラゲ

おとなになったミズクラゲ。触手にある毒針で獲物をさし、口腕を使って口に運ぶ。消化できなかったものは、またこの口から出す。

幼生はうまく泳げないので、プランクトンとして水にうかんだり、ただよったりしていることが多い。

クラゲの子ども

メスは、受精した卵を口腕にくっつけておき、その卵から幼生がかえると、海に放つ。幼生は、繊毛という短い毛を動かして泳ぎ、しばらくは小さなプランクトンとして生活する。

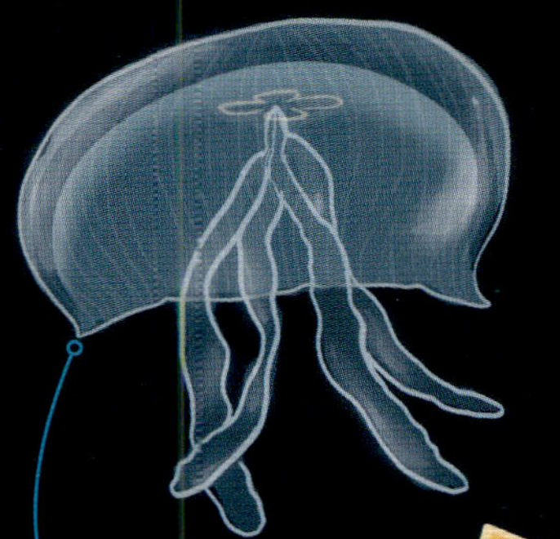

子どものクラゲは、成長するにつれて、だんだん親に似た姿になる。

分裂する

ポリプのいちばん上の「お皿」がはがれ、クラゲの赤ちゃんになって泳ぎ出す。すべてのお皿がなくなるまで、これが続く。その後もポリプは海底に残り、長ければ20年ほど生き続ける。

ポリプは、触手を水中にのばして、獲物をつかまえる。

触手をもつポリプ

やがてミズクラゲの幼生は、海底に降りて、かたい表面（岩やサンゴなど）にくっつく。そして、イソギンチャクに似た「ポリプ」に変身する。ポリプは、茎のような体のてっぺんに口があり、その周りから何本もの小さな触手がのびている。

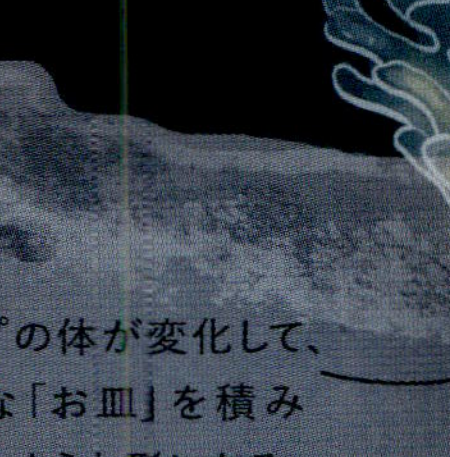

ポリプの体が変化して、小さな「お皿」を積み重ねたような形になる。

コピーをつくる

条件がそろうと、ポリプは自分の分身（コピー）をたくさんつくる。これを無性生殖（ひとりの親で子孫を残すこと）という。やがて、触手がなくなり、体がのびて、体にいくつものくびれができる。もうすぐ、クラゲの赤ちゃんの誕生だ。

ココも見て！
カクレクマノミ（p.106〜107）やヒトデ(p.90〜91)など、海の他の生き物も調べてみよう。

死なないクラゲ おとなのクラゲは、ふつう数か月しか生きられない。でも、不死身のクラゲと呼ばれる種もいる。そうした種は、おとなのクラゲがポリプにもどって、一生を何度でもやり直せる。

猛毒 ミズクラゲの触手にさされても、人間はほとんど痛くないが、さされると命にかかわるクラゲもいる。たとえば、オーストラリアウンバチクラゲにさされると、大人でも数分で死んでしまう。

カツオノエボシ 長い触手をもつカツオノエボシは、クラゲのように見えるが、じつは小さなポリプが集まったものだ。ポリプはすべてつながっていて、それぞれに「体」の中での役割がある。

寄生虫のなかま

寄生虫とは、他の生き物にくっついたり、体の中に入りこんだりして、生活する生き物のことだ。寄生される側の生き物は、宿主という。吸虫も寄生虫の一種だ。ある吸虫は、まず塩分をふくまない水に住む巻き貝に寄生し、次にオタマジャクシに寄生し、そして最後に鳥に寄生する。吸虫は、一生のあいだに2回、繁殖する。1回目は交尾をする有性生殖、2回目は交尾をしない無性生殖だ。

鳥の体の中で

鳥がカエルの体を消化すると、吸虫が出てきて、鳥のおなかの中で生活を始める。ここで吸虫はおとなになり、やがて交尾をし、また同じサイクルをくり返す。

卵が外に出る

おとなの吸虫は、鳥のおなかの中で交尾をする。受精した卵は、鳥のフンに混じって、水の中に落ちる。

にげられない

足の数が多すぎたり足りなかったりするカエルは、うまく泳ぐこともジャンプすることもできず、天敵からにげられない。タカやサギなどの鳥に、あっさりつかまって、水中から連れ去られる。

タカは水面すれすれを飛んで、うまくにげられないカエルをさっとつかまえる。

ココも見て！
水に住む生き物の歴史
(p.74～77)も
調べてみよう。

新しい宿主を見つける

卵がかえって、自由に泳げる幼虫になると、幼虫は新しい宿主を探し回る。今度の宿主は、塩分をふくまない水に住む巻き貝だ。巻き貝が見つかると、幼虫は巻き貝の皮膚から体に入っていく。

鳥のフンは水にとけ、卵だけがプカプカうかぶ。

幼虫は、繊毛という小さな毛を動かして泳ぐ。

シストがじゃまをする

オタマジャクシがカエルに変わるとき、シストがじゃまになって、足がうまく成長できない。そのため、足の数が足りないカエルや、余分な足が変な角度につき出したカエルになることがある。

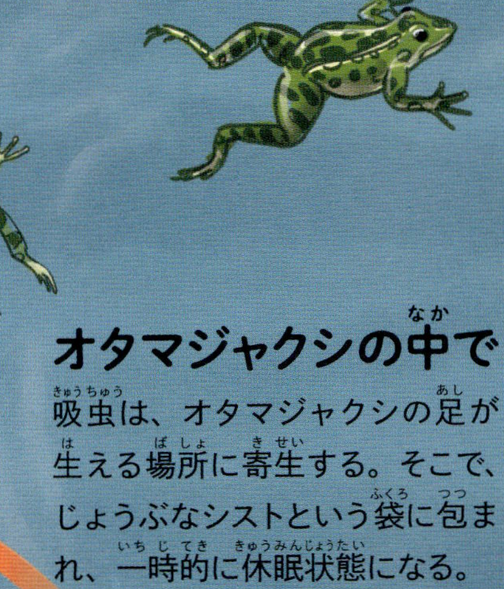

オタマジャクシの中で

吸虫は、オタマジャクシの足が生える場所に寄生する。そこで、じょうぶなシストという袋に包まれ、一時的に休眠状態になる。

巻き貝の中で

幼虫はミミズのような姿になる。そして、無性生殖を行う。卵を受精させる必要がないので、数百から数千の赤ちゃんを自分でつくることができる。

オタマジャクシに乗りかえる

一部の赤ちゃんは、巻き貝の中に残って、「母親」になる。それ以外の赤ちゃんは、尾が生えた姿になり、巻き貝から出てくる。そして、次の宿主であるオタマジャクシを目指して泳いでいく。

目を食べる　サメの目に寄生する甲殻類がいる。この甲殻類は、目の組織を食べて、サメの目を見えなくしてしまう。でも、サメは獲物をつかまえるとき、目で見るよりもニオイをたよりにしているので、そんなに困らない。

ニセモノの舌　ウオノエという甲殻類は、魚に寄生して魚の舌を食べてしまう。その後、残りの舌にくっついたまま、口の中で魚の血液や粘液を吸って生きる。

タマキビ

ヨーロッパタマキビは、海辺の岩場や潮だまりでよく見かける巻き貝だ。その生活は、潮の満ち引きのリズムと深く結びついている。軟体動物であるこの巻き貝は、岩に生えている藻類を食べる。生まれてしばらくはプランクトンとして生活し、その後、海岸に住みつく。

満潮のおかげで、動きのおそいこの巻き貝にも、交尾する時間がたっぷりある。

水中で交尾する

春、満月か新月の夜、海面が特に高くなる満潮のときに、水の中で交尾をする。オスの精子は、メスの体内にある卵と受精する。

メスがはい回った後に残る粘液のニオイに、交尾相手のオスは引き寄せられる。

卵のカプセル

1時間後、まだ海面が高いうちに、メスは受精した卵の入ったカプセルを海に放つ。メスは、体の中に一部の精子を残しておいて、その後の満月や新月の夜にも卵を放つ。

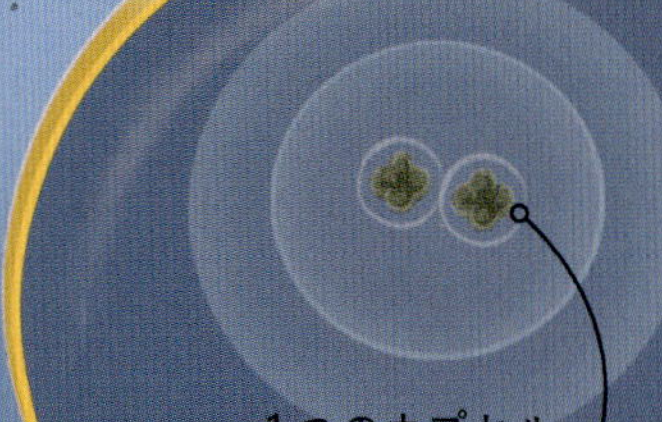

1つのカプセルには、ふつう2～3個の卵が入っている。

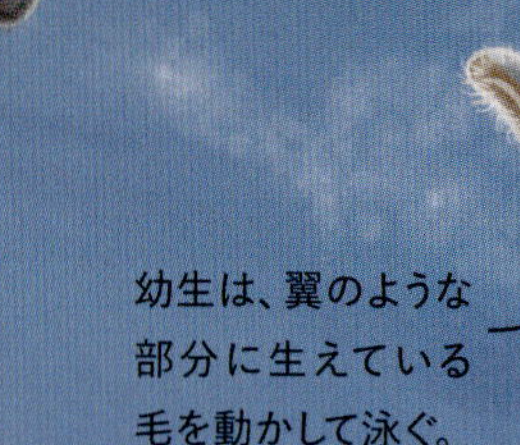

幼生は、翼のような部分に生えている毛を動かして泳ぐ。

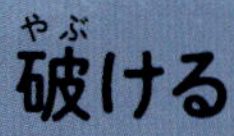

破ける

卵のカプセルは、プランクトンの間をただよいながら、水を吸ってふくらみ、数日後に破ける。すると、卵から、自由に泳げる小さな幼生（子ども）が出てくる。

赤ちゃんを産む貝　ホッキョクタマキビのメスは、卵ではなく赤ちゃんを産む。卵はメスの体内にある特別な袋の中でかえり、赤ちゃんは、小さな巻き貝の姿になってから産み出される。

じょうぶな歯　タマキビと同じように、カサガイも歯のある舌で藻類を食べる。その歯は、動物の世界でもっともかたい物質でできている。カサガイが藻類を食べながら岩の上を移動すると、けずり取ったあとが残る。

おとなになる

冬には、すっかりおとなになり、春になれば繁殖できるようになる。おなかを空かせた鳥やカニ、魚に食べられなければ、5〜10年は生きる。

タマキビは、かたい貝殻で身を守っているが、ミドリガニはハサミで貝殻をくだいて食べてしまう。

しがみつく

1〜2か月後、幼生は、波によって岩の上に打ち上げられる。力強い足で、なんとか岩にしがみついたものだけが生き残る。

干潮になり、海水がなくなると、タマキビは貝殻に閉じこもってじっとしている。

潮の満ち引きに合わせて

波に流されないほど強くなったタマキビは、かくれていた岩のすきまから姿を現す。満潮になると、水の中でエラ呼吸をしながら、はい回って、エサを食べる。

岩のすきまに入りこんだ幼生は、波に流されずに岩にしがみつきやすい。

タマキビは、歯のついた舌で、水につかった岩から藻類などをけずり取って食べる。

ココも見て！

タマキビの生活は、潮の満ち引きの影響を受ける。潮の満ち引き（p.48〜49）も調べてみよう。

潮が引くと丸まる ウメボシイソギンチャク（左）も海辺に住む動物だ。干潮になると、空気にふれて体がかわくのを防ぐため、触手を引っこめて体を小さくし、梅干しや赤いゼリーのような姿になる（右）。

メダカ 熱帯に住むメダカのなかには、雨季にできる水たまりで、短い一生を送るものがいる。すぐに成長し、繁殖をして、産卵する。乾季になると、おとなは死んでしまうが、卵は、かわいたどろの中にうもれて生きている。再び雨が降ると、卵はかえる。

ブラインシュリンプ ブラインシュリンプは、海の10倍以上も塩からい塩湖に住んでいる甲殻類だ。もし、ブラインシュリンプでもたえられないほど塩分がこくなると、メスは、シストという保護ケースに入った卵を産む。卵はシストの中に入ったまま、雨が降って、湖の塩分がうすくなるのを待つ。

クマムシ クマムシという非常に小さな生き物は、水がほとんどなくても、生きのびることができる。「樽」という、干からびて動かない状態になるのだ。樽になるときに、体の水分を97パーセントも失う。

春に生まれる赤ちゃん

春に雨が降ると、干上がりかけていた池に水がもどり、水たまりもできる。水が現れたことと、昼が長くなって、あたたかくなったことがきっかけとなり、かわいたどろの中にうもれていた卵がかえり始める。

ミジンコ

春、雨が降って水たまりができると、すぐにミジンコでいっぱいになることが多い。これは子孫を増やすスピードが速いからだ。メスは交尾相手のオスを探すことなく、最初は、メスだけで無性生殖を行う。その後、オスが現れると、メスは交尾して有性生殖を行うんだ。

脱皮

卵から出てくるミジンコはすべてメスだ。ミジンコの子どもは脱皮を4～6回して、そのたびに、かたいから（外骨格）をぬぎ捨てて大きくなる。２週間足らずで、すっかりおとなになる。

無精卵

あたたかくなると、ミジンコの主食である藻類が、大量に発生する。メスは、受精しなくてもかえる無精卵をつくる。メスはその卵を、体の中の育房という部分に入れておく。

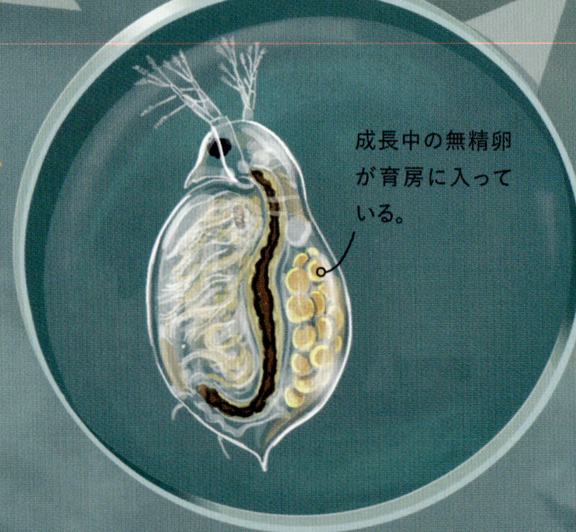

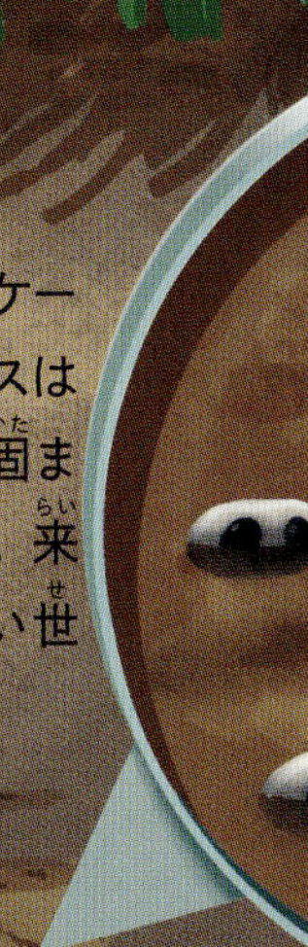

冬を乗りこえる

水が蒸発すると、卵の入ったケースはどろの中にうもれる。メスは死んでしまうが、休眠卵は、固まったどろの中で寒い冬をこす。来年の春、卵がかえり、新しい世代が誕生する。

お休み中の卵

受精卵は「休眠卵」とも呼ばれる。メスの体内にある育房は、かたくなって卵を保護するためのケースになる。メスが次に脱皮するときに、このケースは水中に放たれる。

ココも見て！
オーストラリアで乾季を乗り切るモグリアマガエル（p.116～117）も調べてみよう。

秋に交尾する

夏が終わって秋になると、池の水は減って、水たまりは干上がり、エサは少なくなるうえに、寒くなってくる。するとメスは、オスと交尾して卵を受精させ、有精卵をつくる。

メスは、育房の中で卵をかえしてから、赤ちゃんを「出産」する。

夏に生まれる赤ちゃん

育房の中の卵は、およそ1日でかえる。赤ちゃんは2～3日のあいだ母親の体内にとどまり、その後、母親が水の中に放つ。春に生まれた赤ちゃんと同じように、夏の赤ちゃんもすべてメスだが、環境が悪くなると、オスも生まれる。

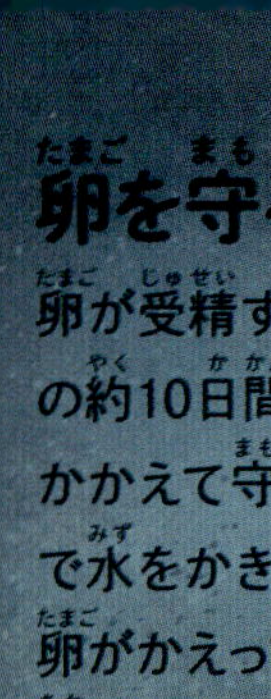

卵を守る

卵が受精すると、卵がかえるまでの約10日間、メスは卵をおなかにかかえて守る。メスは、後ろの脚で水をかき混ぜて、卵に水を送る。卵がかえってしまえば、もうメスは赤ちゃんの世話をしない。

幼生

卵がかえると、「ゾエア」という小さな幼生になる。ゾエアは、おとなのカニとはまったくちがう姿をしていて、プランクトンに混じって海をただよう。大きな動物に食べられてしまうことが多い。

ココも見て!
水の中の暮らし(p.70〜71)も調べてみよう。

大きな幼生

生き残ったゾエアは成長して、メガロパという大きな幼生になる。

集まる

オスは、脚を使ってメスに精子をわたし、その精子でメスの卵が受精する。メスは最大で150万個もの卵を産むが、おとなになるまで生き残るのは、そのうちの数匹だけだ。

タカアシガニ

タカアシガニは、脚の長さがカニのなかでもっとも長い。なんと、4メートルもあるんだ。日本の周りの海で、水深200メートルほどの深海の海底に住んでいる。

交尾のために移動

早春になり、交尾できるようになると、深海にいたタカアシガニは、水深50メートルほどの浅い海に移動する。

子どものカニ

ようやく、おとなのカニに似た姿になる。子ガニは、脱皮をくり返しながら成長する。体が大きくなって甲羅がきゅうくつになるたびに、身をよじって甲羅から出るんだ。そして、新しい甲羅が固まるのを待つ。脱皮した直後は、甲羅がやわらかいので、通りかかった天敵にねらわれやすく、たいへん危険だ。

小さなカニは、海底に積もった生き物の死がいや、藻類を食べる。かたいからをもつ貝をつかまえて食べるのは、大きくなって力のある、おとなのカニだけだ。

おとなのカニ

タカアシガニの脚は、一生のび続ける。寿命は50年以上で、100歳まで生きるという説もある。

巨大なカニ　水は、体重を支えてくれる。そのため水中では、陸上で成長するよりも、はるかに大きな体になれる。タスマニアオオガニの体重は17.6キログラムにもなる。

赤ちゃんは水の中　ほとんどのカニは、水の中をただよう幼生から一生をスタートする。つまり、クリスマスアカガニのように、いつもは陸上で暮らしているカニでさえ、卵を産むときは、水に入らなければならない。産んでいるあいだに、おぼれてしまう危険もある。

変装するカニ　カニのなかには、海藻やサンゴ、海綿動物など、身の回りにあるものを体にくっつけて、変装するものがいる。変装すると、天敵に見つかりにくいからだ。

カゲロウ

北アメリカでは、夏になると川や湖にカゲロウが大量に発生する。カゲロウは、一生のほとんどを水の中で過ごし、成虫になってから空へ飛び立つ昆虫だ。成虫の口では、エサをうまく食べられなくて、ほんの短い期間（種によるが、数分から数日）しか生きられない。その短いあいだに、交尾相手を見つけなければならないんだ。

求愛ダンス

夕方になると、オスの成虫は水面近くに大集合し、空中で「ダンス」を始める。急に上がったり下がったりして、メスをさそう。オスより体の大きなメスは、オスの群れに入っていき、飛びながらオスと交尾する。

交尾と産卵をすませると、成虫は死んでしまう。水面には死んだ成虫がいっぱいうかぶ。

卵を産む

交尾のあと、メスは、最大8000個もの受精卵を水中に産み落とす。底にしずむ卵もあれば、ネバネバしているおかげで石や水草にくっつく卵もある。

卵がかえる

カゲロウは卵からかえると、ニンフと呼ばれる若虫になる。若虫は、どろの中にU字形の巣穴をほって住む。エラで呼吸し、藻類やくさったものを食べる。

ココを見て！
一生のうち、水中で暮らす時期と、陸上で暮らす時期があるイモリ（p.114～115）も調べてみよう。

若虫は飛べないが、姿は成虫とあまり変わらない。発達中の羽が、背中のさやの中にかくれている。

若虫は、巣穴にいることが多いが、夜になるとときどき出てくる。

最後の段階

亜成虫は飛び立ち、水辺の草や木に止まる。まだ交尾はできない。次の日、カゲロウは最後の脱皮をして、一生の最後の段階に入る。スピナーと呼ばれる、繁殖できる成虫になるのだ。

水面にうかぶ

水の中で1～2年過ごしたあと、若虫は水面にうかび上がり、そこで背中が割れる。その中から、羽の生えたダンと呼ばれる亜成虫が、身をよじって出てくる。羽がかわくまで、水面で休む。

大きくなる

カゲロウの若虫は、皮膚ではなく、外骨格というかたいからにおおわれている。成長するためには、何度も外骨格をぬがなければならない。これを脱皮という。脱皮の回数は、おそらく合計で30回にもなる。

カゲロウの「吹雪」 何百万匹ものカゲロウが、街灯の明かりに引き寄せられて、川辺の町や村におしよせることがある。カゲロウがあらゆる場所をおおいつくすと、除雪車を使って、道路や橋から取り除かなければならない。

エゾゲンゴロウモドキ エゾゲンゴロウモドキのように、成虫になっても、水の中に住み続ける昆虫もいる。水にもぐっているときは、羽の下にためた空気で呼吸をする。新しいすみかとなる池やゆるやかな川を探して、飛び立つこともできる。

ウミアメンボ 海辺に住む昆虫はいるが、本当に海に住んでいる昆虫は、ウミアメンボの仲間だけだ。淡水に住むアメンボの親戚であるウミアメンボは、エサの藻類を求めて、海面をすべるように移動する。

ヒトデ

オニヒトデは毒のあるトゲにおおわれているから、天敵はほとんどいないよ。熱帯のサンゴ礁に住んでいて、エサはサンゴだ。サンゴのやわらかい部分（ポリプ）だけを食べるので、サンゴの骨格がむき出しになってしまう。他のヒトデ、ナマコ、ウニと同じ、棘皮動物の仲間だ。

産卵

夏になると、メスが大量の卵を水中に放ち、それと同時にオスが精子を放つ。精子は、卵に向かって泳いでいき、受精する。

水をただよう卵

受精した卵は、プランクトンに混じって水中をただよっている。1日ほどで卵はかえり、幼生になる。

大きなメスの場合、1匹で1年間に6000万個もの卵を産む。

ただよう幼生

幼生は、植物プランクトンと呼ばれる小さな藻類などを食べる。泳ぐのが下手なので、この期間はだいたい流れに乗ってただよっている。やがて、海底にしずむ。

藻類を食べる

最初の6か月間、赤ちゃんヒトデは、サンゴ礁に生えている藻類を夜に食べる。腕の下側には、吸盤のついた管足が何本もあり、それを使ってサンゴ礁の上を移動する。

くっつく

幼生は、ネバネバした茎のような腕を使って、岩やサンゴといった、かたいものの表面にくっつく。やがて茎が折れ、赤ちゃんヒトデが出てくる。

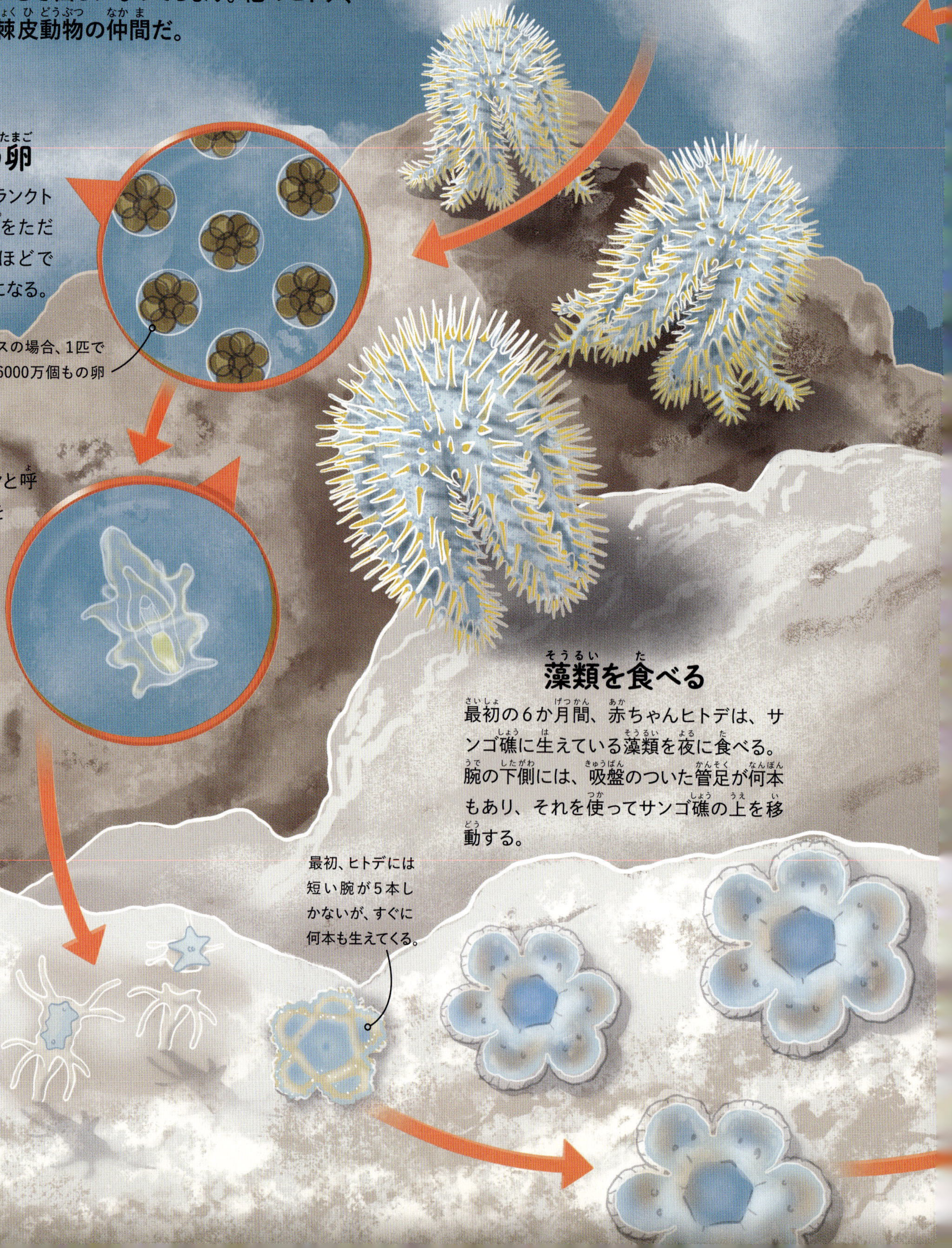

最初、ヒトデには短い腕が5本しかないが、すぐに何本も生えてくる。

おとなのヒトデ

生まれて2年後には、体もすっかり大きくなり、繁殖できるようになる。でも、体はさらに2年ほど大きくなり続ける。エサを探して、サンゴ礁の上を遠くまで歩き回る。

失った手足を再生できるイモリ(p.114～115)も調べてみよう。

大きなおとなでは、円ばん状の体から、腕が20本も生えていることがある。

オニヒトデは、口から胃を出し、獲物におし当てて消化する。

サンゴを食べる

これまで、ヒトデの子どもは、藻類を食べてゆっくりと成長してきた。ところが、サンゴのポリプを食べ始めると、みるみる大きくなり、腕もたくさん生えてくる。

ナマコ　ナマコは、他の棘皮動物よりも皮膚がやわらかい。管足をしっかり海底にくっつけて、はい回りながらエサを探す。

体を再生する　ほとんどのヒトデは、腕がちぎれても、新しい腕を生やすことができる。種によっては、1本の腕から、まったく新しいヒトデが再生することさえある。下の写真では、ちぎれた1本の腕の先から、新しい体が丸ごと再生している。

天敵　オニヒトデに立ち向かえる動物はそう多くないが、ホラガイは例外だ。ホラガイは、オニヒトデを毒でしびれさせ、歯のある舌でトゲをちぎり、食べてしまう。

マナティー

アメリカマナティーは、ワニやサメが食べるには大きすぎて、自然界には天敵がいない。唯一の天敵といえるのが、人間のハンターだ。マナティーは、沿岸（海水）と川（塩分をふくまない水）の両方で生活ができる哺乳類だよ。尾ビレをふってゆっくりと泳ぎ、胸ビレを使って海や川の底を「歩き」ながら、水草を食べるんだ。

おとなになる

2年ほど母親といっしょに過ごしたあと、子どもは母親の元をはなれて、自分だけで生きていく。数年すれば、体長も3メートルをこえて、すっかりおとなになり、繁殖できるようになる。

オスは、メスをだきしめて背中に「キス」をし、メスに受け入れてもらおうとする。

求愛

メスは、繁殖できるようになると、オスを引きつけるニオイを出す。すると、何頭ものオスがメスに群がり、追いかけ回して、できるだけメスに近づこうと、おし合いへし合いする。

母親は、子どもを胸ビレでだっこしたり、背中に乗せたりすることもある。

子どもが生まれる

体長1.2メートルほどの、黒っぽい色の子どもが1頭生まれる。母親に水面へおし上げてもらって、子どもは初めての呼吸をする。数時間もすると、子どもは自分で泳いで、水面にうかび上がれるようになる。

交尾と出産

メスは、オスの中から1頭を選び、交尾をする。その後、他のオスと交尾することもある。約1年後、メスは、身をかくせる静かな場所で出産する。

ジュゴン　マナティーの親戚であるジュゴンは、海に住む草食性（植物を食べる）の哺乳類だ。マナティーと同じで、エサは海草（海藻ではない）だ。紅海、インド洋、太平洋の浅い沿岸に住んでいる。

海の中の草原　海草は、植物としてはめずらしく、海の中で育つことができる。海に広がる海草の「草原」は、海に住む草食動物のエサとなるだけでなく、魚の赤ちゃんや弱い動物のかくれ場所にもなっている。写真は、ベリーズ（中央アメリカの国）の海に広がる「草原」。

マナティーは、毎日7時間もかけて、100キログラム以上のエサを食べる。

食事の時間

マナティーは、鼻の穴を閉じて水にもぐり、水の中の植物を食べながら、数分おきに水面に上がって呼吸をする。上のくちびるで葉をちぎったり、砂やどろの中にうもれている茎や根をほり起こしたりして食べる。

ココも見て!
マナティーと同じように水の中で暮らす巨大な哺乳類、キタゾウアザラシ(p.96～97)も調べてみよう。

植物を消化すると、大量のガスが発生する。このガスをためたり出したりすることで、マナティーはうかんだり、しずんだりしている。

口元に生えているゴワゴワした毛は、びんかんなので、にごった水の中でエサを見つけるのに役立つ。

仲間と集まる

母親と子どもは、たいてい2頭だけで過ごしている。でも、エサがたくさんある場所などでは、他のマナティーといっしょに過ごすこともある。集まった仲間と、ふれ合ったり遊んだりすることも多い。

マナティーの背中には、よく藻が生えている。

小さいころ

他の哺乳類の赤ちゃんと同じように、マナティーの赤ちゃんも母乳を飲む。数週間すると、母乳を飲むだけでなく、植物もかじるようになる。口と口を合わせたり、鳴いたりすることで、母と子のきずなを深める。

子どもは、母親の胸ビレの付け根にある乳首から乳を飲む。

草原とカメ　アオウミガメは、海草の草原によくやって来る。おとなは草食性で、ギザギザの口で海草や藻類をかみ切って食べる。いっぽう、子どもはミミズ、クラゲ、カニなども食べる。写真は、エジプトの海のアオウミガメ。

シャチ

シャチは、英語では「キラー・ホエール（殺し屋のクジラ）」とも呼ばれている。マイルカ科のなかではいちばん大きく、海で最強クラスのハンターだ。白と黒の模様なので、ひと目でシャチだとわかる。シャチの群れは複雑な社会になっていて、世界の場所ごとに異なる方言や文化まである。

群れるのが大好き

シャチは、10頭足らずの家族が集まり、年長のメスをリーダーとして、結びつきの強い集団をつくっている。これを母系集団という。母系集団が3つほど集まって、ポッドという大きな群れになることもある。同じ方言を話すシャチのポッドがいくつか集まると、さらに大きなクランという群れになる。

子育て

15〜18か月の妊娠をへて、メスは1頭の子どもを産む。そして、子どもが2歳ぐらいになるまで母乳で育てる。シャチは子どもの世話をよくする動物で、同じ母系集団にいる他のメスも子育てを手伝う。

繁殖

ポッドのメンバーは、いっしょに泳ぐときや狩りをするときに、ポッドごとに異なる鳴き声でコミュニケーションをとる。繁殖期になると、オスは母系集団をはなれて、他のポッドにいるメスと交尾する。

セイウチ　セイウチは北極に住んでいる。大きな群れになって生活し、氷の上に数百頭が横たわっていることもある。仲間と交流するのが大好きで、鼻を鳴らし合ったり、ほえ合ったりする。でも、繁殖期になるとオス同士は争う。

ココも見て！
キタゾウアザラシ(p.96〜97)やシロワニ(p.100〜101)など、他の海の生き物も調べてみよう。

海の中で待ちかまえていたシャチは、流氷から落とされたアザラシをつかまえる。

アザラシを狩る

南極に住むシャチのなかには、流氷の上にいるアザラシを協力してつかまえるものもいる。まず、海面から顔を出して獲物を見つける。その後、みんなで流氷の下を泳ぐことで大きな波を起こし、アザラシを海に落とす。

シャチは、尾ビレを水面にたたきつけてメッセージを送る。水面をたたいたときに発生した音の波が、水中を伝わっていく。

ノルウェーの海にいるシャチは、魚の群れの周りをみんなで回転しながら、小さなボール状にまとめていく。そして、魚を尾ビレでたたいて、気絶させたり殺したりして食べる。こうして回転して狩りをする方法を「カルーセル・フィーディング」という。

チームワーク

シャチは、知能がとても高い動物だ。物覚えが早く、同じポッドにいる他の仲間に知識を伝えることもできる。そのおかげで、家族で協力して獲物をつかまえる、うまい方法を考え出した。

音を利用する

シャチは、ピーピー、カチカチ、キーキーといった音を出して、コミュニケーションを取り合う。同じクランにいるシャチは、同じ方言を話す。進む方向を見つけたり、獲物を探したりするときも、音を利用する。

ザトウクジラ　ザトウクジラの群れも「ポッド」と呼ばれる。遠くにいる仲間とコミュニケーションをとるときは、「歌」を歌う。この歌は、鳴き声、ほえ声、うなり声のくり返しでできている。子どもが母親に向かって「ささやく」こともある。

ラッコ　ラッコは、北アメリカの太平洋沿岸で、「ラフト(いかだ)」と呼ばれる群れで生活している。寝るときは、みんなであお向けにうかび、生えている海藻を体に巻きつけて、流されないようにする。母親がエサを取りに行くあいだも、子どもに海藻を巻きつけておく。

繁殖期の戦い

おとなのオスは12月に陸に到着し、1か月かけてリーダーの座を争う。争いは何時間も続き、負けたオスが大けがをするときもある。勝ったオスは、多ければ150頭ものメスと交尾できるため、多くの子どもを残せる。

赤ちゃん

1月、妊娠およそ11か月目のメスが陸に到着する。数日後、赤ちゃんが生まれる。メスは、赤ちゃんに26日間ほど母乳をあたえると、赤ちゃんを置いて、海にもどる。

子どもは、2か月ほど陸にとどまる。泳ぐ練習をするのは、危険が少ない夜だけだ。

ゾウアザラシ

秋になる

9月の終わり、繁殖期が始まるまえに、若いゾウアザラシが海辺に到着する。まだ繁殖できる年齢ではない。

キタゾウアザラシは、一生のほとんどを海で過ごしていて、水の中にいる時間も長いんだ。エサを求めて深い海にもぐるし、とても長い時間、息を止めることができる。陸に上がるのは、年に2回、繁殖のときと毛が生えかわるときだけ。毎回、陸と海を約5000キロメートルも移動するんだよ。

ココも見て!
ヨーロッパウナギ(p.102〜103)など、長い距離を移動する、他の海の生き物も調べてみよう。

キタゾウアザラシの主食は、イカと、サメやエイなどの魚だ。

アラスカ湾

オスの移動範囲

メスの移動範囲

太平洋

北アメリカ

別々の道を行く

繁殖地であるカリフォルニア(北アメリカ)の海岸をはなれると、おとなのアザラシは、エサをとるために太平洋に向かう。オスは、北のアラスカ湾に向かって、約5000キロメートル泳ぐ。メスは、オスほど北へは行かず、北太平洋の真ん中に向かって、約4500キロメートル泳ぐ。

キタゾウアザラシは、オスとメスとで、毛の生えかわる時期も年齢も異なる。

毛が生えかわる

キタゾウアザラシは年に1度、毛が生えかわる。そのために、3〜7月にかけて海岸にもどる。2週間ほど海辺で過ごしながら、毛がシートのようにはがれ落ちるのを待つ。

海にもどる

毛が生えかわると、オスとメスは、太平洋にある別々のエサ場へもどる。海では、深海で過ごす時間が長い。1時間も息つぎをせずに、水深1600メートルまでもぐっていられる。

アカボウクジラ　このクジラは、どの哺乳類よりも深く、長くもぐることができる。2時間以上も息つぎをせずに、水深2990メートルまでもぐった記録がある。

海鳥　アホウドリのように、一生のほとんどを海で過ごし、年に1度だけ、巣作りのために陸に上がる鳥もいる。

ザトウクジラ　ザトウクジラは、地球規模で、非常に長いルートを回遊している。冬はあたたかい熱帯の海で繁殖し、夏は北極や南極の海でエサをとる。その距離は、片道8000キロメートルにもなる。

ウミスズメ

ウミスズメのヒナほど、早く巣立つ海鳥はいないだろう。ヒナは飛べるようになるまえに、そして最初の食事をとるまえに、海へ向かうんだ。そして、すずしい北太平洋の沿岸にある、コケむした森に集団で巣をつくる。これはコロニーとよばれるよ。ヒナはコロニーで生まれるけれど、親が子育てをするのは海だ。

巣をつくる

春の夜、交尾を終えたオスとメスは、巣穴をほる。巣ができると、草や小枝、葉をしく。メスはそこに2個の卵を産む。

卵をあたためる

両親は交代で卵をだき、卵の中のヒナが成長するまで、卵をあたためる。片方の親が海にエサを食べに行っているあいだ、もう片方は卵の上に座り、2～3日ごとに交代する。

ココも見て!
ヒナの飲み水を集めるサケイ(p.64～65)の子育ても調べてみよう。

飛び降りるヒナ ウミスズメのヒナと同じように、オオハシウミガラスのヒナも、まだ飛べないうちに海に向かう。がけの上にある巣から飛び降りて、下の海に向かう姿は「パラシュート」のようだ。

飛ぶ準備OK ニシツノメドリのヒナは、巣穴でエサをもらっているあいだに、空を飛ぶための羽が生えそろう。巣穴から出てきたヒナは、そのまま海へ飛んで行き、親の助けがなくても海で生きていける。

ヒナを呼ぶ

ヒナは4週間で卵からかえるが、親はエサをあたえない。1〜2日すると、親は「巣穴から出ておいで」とヒナに呼びかけて、海へと飛んで行く。ヒナは親の鳴き声にさそわれ、巣穴を出て親の後を追う。

森は、親を探してチョコチョコ走るヒナたちでにぎやかになる。

海へダッシュ

おなかを空かせたヒナは、まだ飛べないので、石や木の根などを乗りこえながら、海岸へ向かって走る。そして海に飛びこみ、必死で親のもとへ泳ぐ。

ヒナは、足をバタバタさせて海面を進んだり、翼を羽ばたかせて海の中を泳いだりする。

家族の再会

ヒナと親は、鳴き声をたよりに、おたがいを見つける。家族の再会だ。再会すると沖に向かって泳ぎ始め、太陽がのぼるころには、陸地から遠くはなれた場所にいる。もうここなら安全なので、ようやく親はヒナにエサをやる。ヒナが自分だけで生きていけるようになると、家族はバラバラになる

ウミスズメの子どもは、4週間ほど親といっしょに過ごして、小魚やオキアミといったエサのとり方を学ぶ。

海で冬をこす

冬もその海で過ごすものもいれば、もっとあたたかい海に移動するものもいる。親は次の春、繁殖のためにまたコロニーにもどる。生まれて2年すると、若いウミスズメは繁殖できるようになる。

ペンギンの翼　ペンギンはウミスズメと同じように、翼を羽ばたかせて水中を泳ぐ。ヒレのようなペンギンの翼は、泳ぐのにはとても都合がいいが、短くてかたいので飛ぶことはできない。

サメ

シロワニというサメは、大西洋、太平洋、インド洋の、海底が砂や岩になった沿岸に住んでいる。昼はかくれていて、夜になってから魚をつかまえる。海面で空気を吸いこんで、胃にため込んだ空気を「うき袋」の代わりにするんだ。そのおかげで、じっと動かずにうかんだまま、獲物を探すことができるんだよ。

交尾はふつう、8～10月にかけて行われる。

交尾

シロワニは、生活も狩りもたいてい1匹で行うけれど、交尾の時期になると小さな群れをつくる。交尾を行うのは、海岸の近くだ。その後、メスはそこに残り、オスはエサを求めて別の場所に泳いでいく。

共食いをする赤ちゃん

メスには子宮が2つあり、そこで受精卵がかえる。約5か月後、どちらの子宮でも、いちばん大きくて強い赤ちゃんが、他の赤ちゃんを食べる。つまり、生き残る赤ちゃんは2匹だけだ。

どちらの子宮でも、いちばん強い赤ちゃんが体長17センチメートルほどに成長すると、きょうだいを食べてしまう。

ホホジロザメは、自分より小さなシロワニを食べることがある。

ココも見て！

深海に住むアンコウ（p.108～109）も調べてみよう。

大きな赤ちゃん

8～12か月の妊娠期間をへて、メスは2匹の赤ちゃんを産む。生まれた子どもは、すでに体長が1メートルほどもある。大きければ、他のサメ以外におそってくる天敵はいないので、生き残りやすい。

卵を包むカプセル　サメは、子どもを産むのではなく、卵を産む種が多い。卵がかえるまで、卵はじょうぶな皮のようなカプセルで包まれている。カリフォルニアネコザメの卵は、ネジのような形のカプセルに入っていて、母親はこれを岩のすきまにおしこんで、卵を守る。

人魚の財布　卵のカプセルのなかには、長方形で、クルクル巻いたひもがついたものもある。このひもで海藻にからみつくわけだ。その形から「人魚の財布」と呼ばれている。

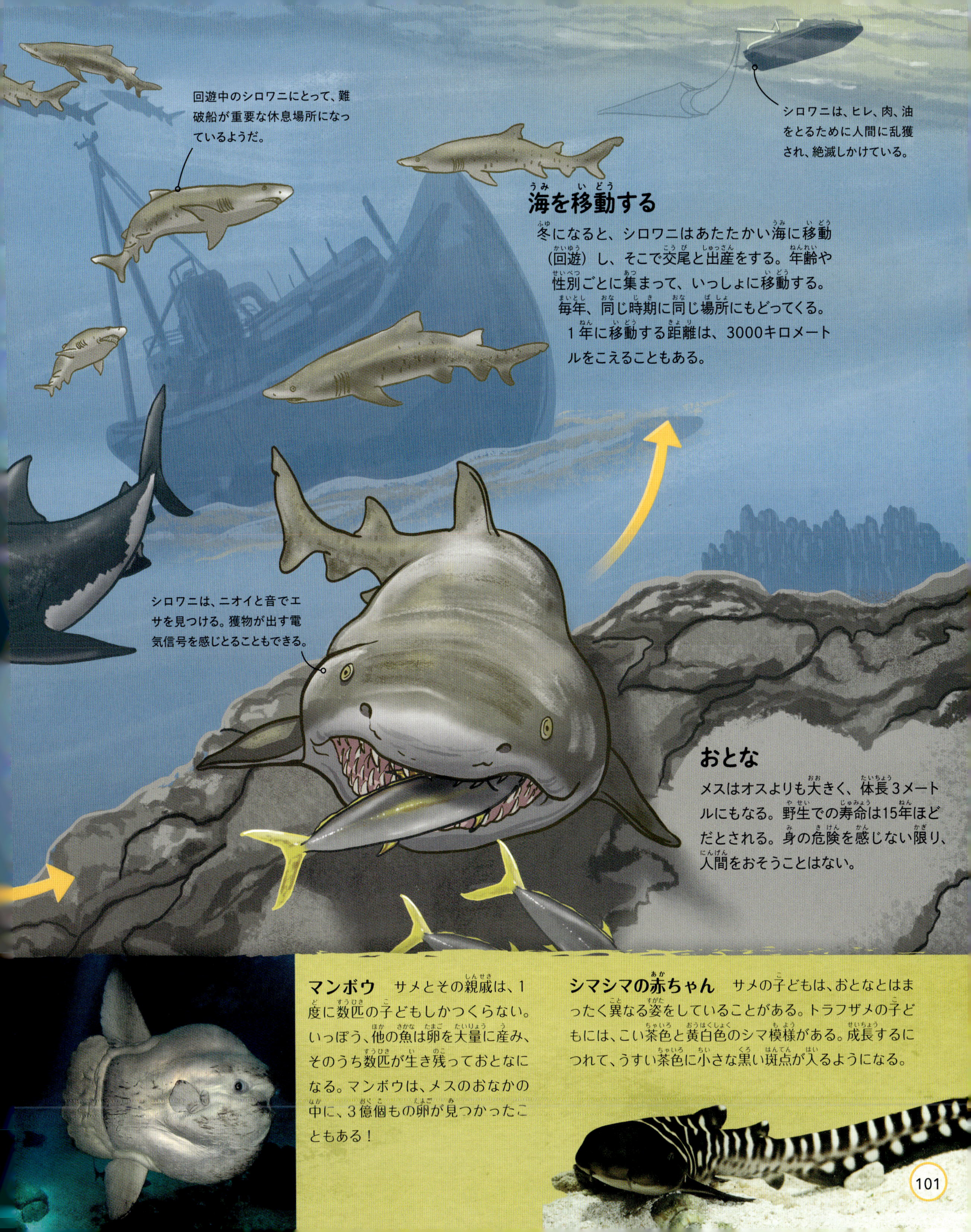

海を移動する

冬になると、シロワニはあたたかい海に移動（回遊）し、そこで交尾と出産をする。年齢や性別ごとに集まって、いっしょに移動する。毎年、同じ時期に同じ場所にもどってくる。1年に移動する距離は、3000キロメートルをこえることもある。

おとな

メスはオスよりも大きく、体長3メートルにもなる。野生での寿命は15年ほどだとされる。身の危険を感じない限り、人間をおそうことはない。

マンボウ　サメとその親戚は、1度に数匹の子どもしかつくらない。いっぽう、他の魚は卵を大量に産み、そのうち数匹が生き残っておとなになる。マンボウは、メスのおなかの中に、3億個もの卵が見つかったこともある！

シマシマの赤ちゃん　サメの子どもは、おとなとはまったく異なる姿をしていることがある。トラフザメの子どもには、こい茶色と黄白色のシマ模様がある。成長するにつれて、うすい茶色に小さな黒い斑点が入るようになる。

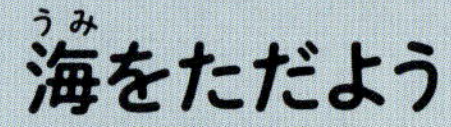

海をただよう

卵は、海流に乗って、大西洋を東へただよっていく。このあいだに、卵がかえる。卵や赤ちゃんは、海に住む多くの動物に食べられるので、危険いっぱいの旅になる。

ウナギの赤ちゃんは、葉のように平たい体に、小さな頭がついている。

シラスウナギの体長は、6センチメートルほどだ。

旅の終わり

赤ちゃんは数か月から数年間ただよったあと、ヨーロッパに到着する。このとき、体は筒のような形で、すき通っている。これを「シラスウナギ」と呼ぶ。

深海で産卵

春になると、ヨーロッパウナギは深海で産卵する。メスは卵を、オスは精子を海に放つと、どちらも死んでしまう。受精した卵は、海面にういてくる。

ウナギ

ヨーロッパウナギの一生は、大西洋西部のサルガッソ海で始まり、サルガッソ海で終わる。でも、それ以外はずっと、何千キロメートルもはなれたヨーロッパの塩分をふくまない水（川や 湖 など）で過ごす。一生のあいだに、2度の大きな回遊を行い、姿も大きく変化するんだ。

キタゾウアザラシ（p.96〜97）など、回遊する他の生き物も調べてみよう。

大西洋

北アメリカ

サルガッソ海

動物プランクトン 動物プランクトンと呼ばれる小さな海の生き物は、毎日のように海を大移動している。太陽がしずむと、暗やみにまぎれて安全にエサを食べられるので、海面へうかび上がる。そして、夜が明けると、海面近くにいる動物に食べられないように、深海にもどる。

川の上流へ

河口にたどり着いた若いウナギは、上流へ向かう。にごった水の中で天敵に見つかりにくいように、しだいに体の色がこくなっていく。この段階のウナギを「クロコ」と呼ぶ。

クロコは、すみかを探し求めて、岩の多い滝やダムをよじ登ることもある。

黄ウナギ

ヨーロッパウナギは、成長するにつれて黄色っぽい「黄ウナギ」になる。昼は、巣穴や石の下、岩のすきまにかくれている。夜になると、魚、貝、エビ、カニ、幼虫などをつかまえて食べる。この生活を20年ほど続ける。

黄ウナギは、カワウソ、サギなどの哺乳類や鳥、大きな魚などに食べられる。

さあ出発だ

ウナギは、すっかりおとなになると（メスはオスより大きく、体長が約1メートルにもなる）、銀色の「銀ウナギ」に変わる。すると、川を下って海に出て、大西洋を西へ泳ぎ、サルガッソ海へ向かう。5000キロメートルの旅を終えるには、1年ほどかかる。

コククジラ　コククジラは、非常に長い距離を回遊する。毎年、北極近くのエサ場と、繁殖場所であるメキシコ沿岸のラグーンの間を、2万2000キロメートルも泳いで往復する。

イセエビ　海を回遊するといっても、泳いで移動するとは限らない。秋になると、カリブ海のイセエビは、浅瀬からあたたかい深海へと移動する。そのとき、50匹ものイセエビが一列になって、海底を歩いて行進する。

テトラ

南アメリカに住む小さなスプラッシュ・テトラは、水から出て卵を産むめずらしい魚だ――おそらく他の魚から卵を守るためだろう。水面に垂れ下がった葉に卵を産みつけた後は、オスが卵がかわかないように世話をするんだ。

シャチ(p.94〜95)の子育ても調べてみよう。

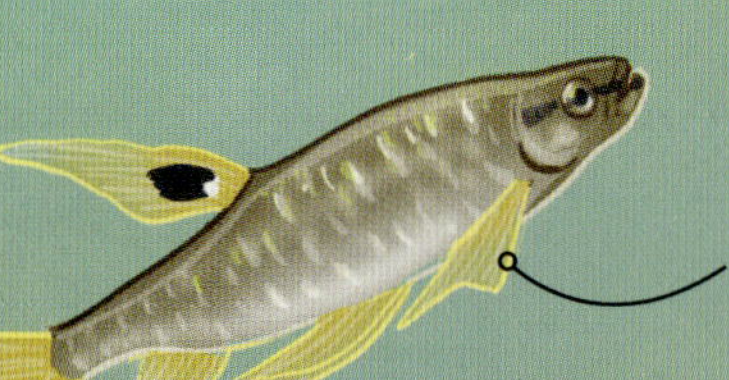

場所を探す

スプラッシュ・テトラのオスは、土手のそばで、植物の葉が張り出している場所を探す。いい場所を見つけると、オスはメスをさそう。

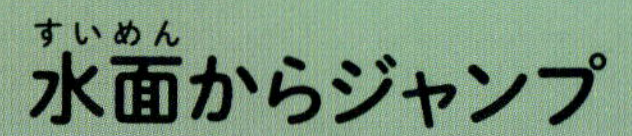

水面からジャンプ

メスがやって来ると、2匹そろって水中からジャンプし、葉にくっつく。メスが6〜8個の卵を産み、オスがそれを受精させる。葉にくっついている時間は、1回あたり数秒間だけ。これを何度もくり返して、最大で200個もの卵を産む。

メスが先に水に落ち、オスがその後に落ちる。

泡の巣　木の上に住むこのカエルは、水の外で産んだ卵がかわかないように、泡の巣をつくる。卵がかえると、オタマジャクシは巣の下にある水に落ちる。

口の中で子育て　アゴアマダイのオスのように、卵を口の中に入れて世話する魚もいる。卵がかえるまで、オスはエサを食べられない。

小さな卵はつねにぬれていなければならない。卵がかわくと、卵の中にいる成長中の赤ちゃんが死んでしまうからだ。

おとなになると、繁殖の相手を引きつけるために、派手なヒレがのびてくる。

卵の世話

卵をすべて産み終わると、メスはどこかへ行ってしまう。オスは卵のそばに残って、尾ビレを使って卵にパシャパシャと水をかけ、卵がかわかないようにする。

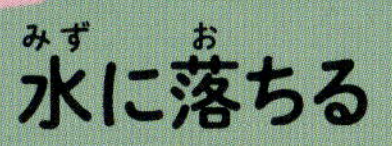

水に落ちる

2〜3日すると卵がかえり、赤ちゃんが水に落ちる。

スプラッシュ・テトラは水の中でおとなになる。食べられないように、水草の間にかくれている。

スプラッシュ・テトラの体長は最大で7センチメートル。寿命は3年ほどだ。

陸上で卵からかえる 水に住む動物のなかには、陸上で生まれてから、海に入るものもいる。ウミガメの赤ちゃんは、砂浜にうめられた、かたいからの卵からかえる。その後、自分の力で砂の中からはい出してきて、海に向かう。

カクレクマノミ

熱帯のサンゴ礁にすむ小さな魚は、天敵がエサを求めてやって来ると、身を守らなければならない。なんと、カクレクマノミは、毒針のあるイソギンチャクの触手の間ににげこむんだ。ここなら安全だからね。カクレクマノミはイソギンチャクから遠くははなれることはない。

産卵

カクレクマノミのオスは、自分が住んでいるイソギンチャクの近くにある岩をきれいにする。そして、ヒレを広げたり、メスをそっとかんだり、追いかけたりして、メスに求愛する。メスが岩に卵を産むと、オスは自分の精子をかけて受精させる。

卵を守る

オスは、ヒレをパタパタ動かして、卵に水を送る。受精していない卵や、カビが生えてダメになった卵があれば食べてしまう。メスは近くにいて、天敵が来ないか見張る。

卵がかえる

1週間ほどで、卵がかえる。生まれてくる仔魚（赤ちゃん）は、すべてオスだ。海面までうかび上がり、そこでプランクトンとして2週間ほど過ごす。

いっしょに暮らす 「お掃除エビ」と呼ばれるこのエビは、どうもうなウツボの巣穴に住むことで、天敵から守ってもらっている。そのお礼に、エビはウツボの古い皮膚や寄生虫を食べたり、ウツボの口の中に入って、歯にはさまった食べかすを掃除したりする。

タテジマキンチャクダイ とちゅうで性別を変える魚や、オスとメスの器官を両方もっている魚が、約500種もいる。カクレクマノミはオスからメスに変わるが、タテジマキンチャクダイをはじめ、ほとんどの魚はメスからオスに変わる。また、タテジマキンチャクダイは、子どもとおとなとで体の色と模様がちがう。

すみかを見つける

仔魚が稚魚（子ども）になると、サンゴ礁にもどり、すみかとなるイソギンチャクを探す。そして群れに加わる。群れには、繁殖できるメスとオスが1匹ずつと、繁殖できないオスの稚魚が数匹いる。

イソギンチャクの中に住む

カクレクマノミは、エサを食べるためにイソギンチャクから出ることはあるが、すぐにもどって来て、遠くはなれることはない。イソギンチャクに寄生虫がつかないように気をつけたり、ヒレをパタパタ動かして、イソギンチャクの触手に酸素たっぷりの新鮮な水を送ったりする。イソギンチャクにとっては、魚が落とした食べ残しを食べられるというメリットもある。

ココも見て！
サンゴ礁の生き物について、ヒトデ(p.90～91)も調べてみよう。

性別が変わる

メスが死ぬと、繁殖相手だったオスがメスに変化し、すみかを守って卵を産む役目につく。すると、オスの稚魚のなかでいちばん大きなものが、オスの成魚（おとな）になって、新たなメスと繁殖する。

マングローブに住むメダカ　マングローブ・キリフィッシュという魚は、自分だけで子孫を残せるので、繁殖相手を探したり、性別を変えたりする必要がない。この魚は雌雄同体だ。つまり、オスとメスの両方の生殖器をもっていて、自分の卵を自分で受精させることができる。

身を守る武器　キンチャクガニは、いつも両手のハサミで小さなイソギンチャクをもっている。おそってきた天敵にイソギンチャクをふり回すと、天敵はイソギンチャクの毒針をおそれてにげていく。いっぽう、イソギンチャクはカニの食べ残しをもらっている。

アンコウ

暗い深海に住む動物にとって、エサを見つけるのはたいへんなんだ。この問題を解決するために、ペリカンアンコウは、光る「ちょうちん」をヒラヒラと動かして、エサの魚をつかまえることにした。この光にさそわれて獲物が近づいてくると、巨大なするどい歯でかみつくんだよ。

赤ちゃん

ペリカンアンコウの卵は、海面の近くでかえる。赤ちゃんは、小さなプランクトンを食べて成長する。十分に大きくなると、暗い深海へ向かう。

永遠にくっついたまま 深海に住むアンコウのなかには、カップルになると、オスがメスからはなれない種がいる。やがて、オスの体はメスと一体化する。オスはメスの体から栄養をもらい、メスの卵を受精させるために、ずっとくっついている。

泳ぐのが苦手

暗くて冷たい深海で、群れをつくらずに1匹で暮らしている。泳ぐのがおそいので、獲物を追いかけるのは難しい。その代わり、じっと待ちぶせして、近くにやって来た魚をつかまえる。

口を大きく開けたまま、体を左右にふって、ふらふらと泳ぐ。

長いトゲの先についた光る「ちょうちん」を、前後に動かす。

光で魚をさそう

獲物をおびきよせるための、光る「ちょうちん」をもっているのは、メスだけだ。ちょうちんの中には、光を出す細菌が何百万個も住んでいる。細菌は、ちょうちんを光らせるお礼に、アンコウから栄養をもらう。

赤は見えない 変わった姿のコウモリダコをはじめ、深海の生物には体が赤いものが多い。暗い深海に住む生物は、たいてい青しか見えないので、赤いと天敵に見つかりにくいからだ。

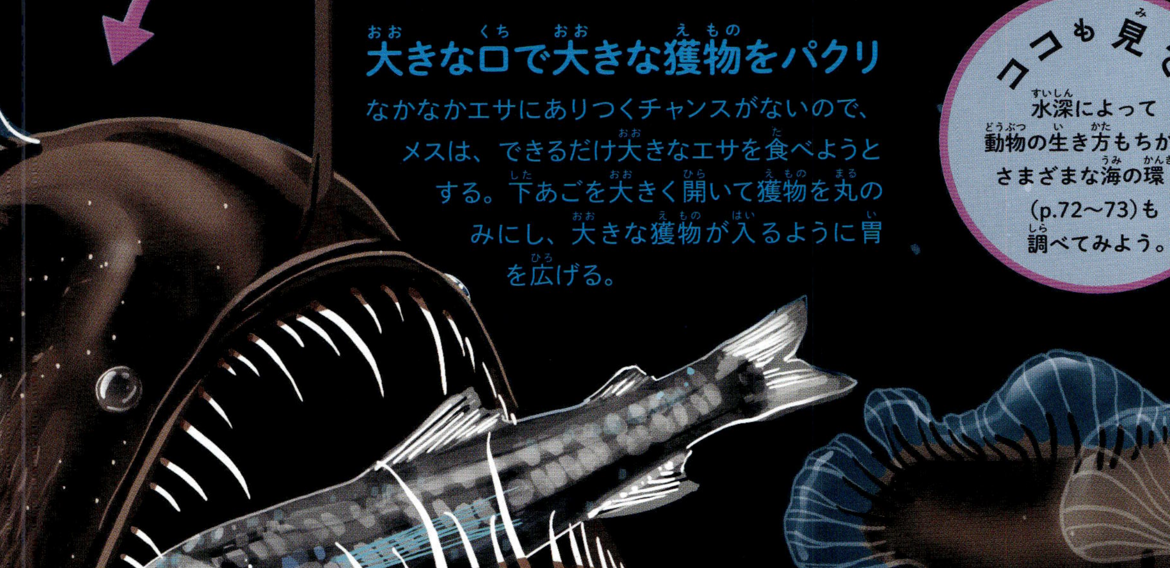

大きな口で大きな獲物をパクリ

なかなかエサにありつくチャンスがないので、メスは、できるだけ大きなエサを食べようとする。下あごを大きく開いて獲物を丸のみにし、大きな獲物が入るように胃を広げる。

ココも見て！

水深によって動物の生き方もちがう。さまざまな海の環境(p.72〜73)も調べてみよう。

かみつく

オスは、メスにかみついて、しっかりとくっつく。メスが水中に卵を産むと、オスが精子をかけて受精させる。その卵は水面にうき上がっていく。

繁殖相手を待つ

メスは真っ暗な中で、繁殖相手が自分を見つけてくれるのを待たなければならない。オスは、体は小さいがニオイに敏感なので、メスのニオイに気づいて、そのあとを追う。やがてオスは、メスの光る「ちょうちん」を見つける。

繁殖を終えると、オスは他のメスを探しに行く。

オスの大きな目と鼻の穴は、繁殖相手を見つけるのに役立つ。

光で身を守るエビ 深海に住む動物のなかには、光を使って身を守るものもいる。あるエビは、青く光る液を水中にふき出して、天敵をびっくりさせ、そのすきににげる。

かがやく海 アンコウの「ちょうちん」に住む細菌と同じように、植物プランクトンと呼ばれる小さな藻類のなかにも、化学物質を使って光をつくり出せるもの(夜光虫)がある。こうした藻類が光ると、海は星空のようにかがやく。

魚竜

魚竜は、中生代の初め(2億5200万年前)ごろに出現した、海に住む爬虫類だよ。体長およそ1メートルのものから20メートルのものまで、多くの種がいた。そのなかでも大型の種は、海で頂点にたつ捕食者だったんだ。魚竜は約9000万年前に絶滅したけれど、その理由はよくわかっていない。

妊娠

魚竜がどうやって交尾したのか、よくわかっていないが、妊娠したメスの化石はたくさん見つかっている。こうした化石から、魚竜は卵を産まなかったことがわかる。胎児(生まれる前の赤ちゃん)は、卵ではなく、母親の体の中で大きくなったんだ。

妊娠した魚竜の化石を見ると、体の中に1～11匹の胎児がいる。

成長する

魚竜は成長するスピードが速かった。子どもは、安全な水深の浅い場所にいたと考えられている。大きく成長したら、深くて広い海へ泳ぎ出したのだろう。

出産

魚竜の赤ちゃんは、尾から先に生まれてきたと考えられている。頭から先に生まれると、母親からはなれるまえに、おぼれて死んでしまう心配があるからだ。でも、たまに頭から生まれてくることもあったようだ。これは、現在生きているクジラやイルカも同じだ。

多くの魚竜は、イカに似たベレムナイトや、ぐるぐる巻いたからをもつアンモナイトが大好物だった。

深海へ

おとなの魚竜は、よく見える目で獲物を見つけて、狩りをしていたようだ。一部の種は、目が非常に大きかったので、暗い深海まで行って獲物を探していたのかもしれない。

体温を保つ

魚竜は、海で生活するのに適した体をしていた。皮膚の下に脂肪の層があったという証拠がある。おそらく内温動物だったのだろう。つまり、冷たい海の中でも、いつも高い体温を保てたようだ。

魚に似ているが、魚竜は爬虫類なので、空気を吸うために水面に上がる必要があった。

魚竜は、陸に住んで、卵を産んでいた爬虫類から進化した。

魚竜の化石から、色素をふくむ皮膚の細胞が見つかっている。そのおかげで、魚竜の体の色がわかった。

カウンターシェーディング

魚竜の中には、背中が暗い色で、おなかが明るい色をしていたものもいたらしい。これもカモフラージュの一種で、カウンターシェーディングという。天敵や獲物に見つからないように、こうした体の色をしている海に棲む動物は多い。上から見ると深海にとけこむし、下から見ると明るい空にとけこむことができる。

ココも見て!
魚竜と同じように海で出産する海の爬虫類、ウミヘビ(p.112〜113)も調べてみよう。

海に住む爬虫類 中生代の海には、首の長いプレシオサウルス類(上)、巨大なプリオサウルス類、どうもうなモササウルス類など、爬虫類がたくさん住んでいた。

食事はシーフード 魚竜が食べていたベレムナイトやアンモナイトなどの頭足類は、タコやイカ(下)といった、現在生きている頭足類の仲間だ。

イルカと同じ体形 魚竜は、現在のイルカにそっくりの姿をしていた。関係のない種同士が、似たような環境に棲むうちに、同じ姿へと進化することを「収斂進化」という。

海で生まれる

陸からはなれた外洋の海面近くで交尾をする。6か月後、メスの体の中で卵がかえり、最大で10匹の赤ちゃんが生まれる。赤ちゃんの体長は25センチメートルほどだ。

脱皮はたいへん

成長中だけでなく、一生を通じて、何度も古い皮をぬぎ捨てる(これを脱皮という)。セグロウミヘビの子どもは、体を輪にして結び、古い皮をゆるめて、くねくねと出てくる。

ウミヘビ

爬虫類のウミヘビは、一生をほとんど海の中で過ごすんだ。セグロウミヘビは、インド洋から太平洋にかけて、とても広い範囲に住んでいる。海流に乗って海を行ったり来たりしながら、完全に海の中だけで暮らしているよ。目立つ体の色で、「強い毒をもっているよ」「食べてもおいしくないよ」と天敵に警告しているんだ。

体温の調節

他の爬虫類と同じように、セグロウミヘビも変温動物なので、周りの温度によって体温が変化する。若いヘビは、体をあたためたくなると、海面で日向ぼっこをし、体温が上がりすぎると、深くもぐって体を冷やす。

イリエワニ 世界最大の爬虫類であるイリエワニは、川や河口、海岸沿い、外洋に住んでいる。泳ぐのが得意で、陸から1000キロメートルはなれた海でも目撃されている。

卵を産むウミヘビ セグロウミヘビなど、ふつうのウミヘビは、海辺に打ち上げられることはあっても、自分から陸に上がることはない。でも、同じように海に住むエラブウミヘビは、卵を産むのも、脱皮するのも、獲物を消化するのも、陸の上だ。

セグロウミヘビには、エラはなく肺がある。でも、水にもぐっているあいだは、皮膚から水中の酸素を取りこむことができる。

雨を待つ

若いウミヘビは、塩水を飲むことができない。そこで、大雨のときに海面にたまった塩分をふくまない淡水を飲む。雨が降らないと、のどがかわいてたいへんだ。

海をただよう

すっかり成長したおとなは、体長１メートルにもなる。前にも後ろにも泳ぐことができ、いざとなれば速く泳ぐこともできるが、たいていは海流に乗ってただよっている。２～３年のあいだに、何千キロメートルも移動することがある。

スリックに集まる

ただよう海藻や、泡、ごみがスリックに集まって、長い帯のようになることがある。海流が合流するところに、みんなおし流されてきたのだ。ここには、魚やプランクトンなどの生き物といっしょに、セグロウミヘビがたくさん集まっている。

ヒレ状になった幅の広い尾をうまく使いながら、体を左右にくねらせて泳ぐ。

獲物を待ちぶせ

成長中は、海流が合流するところにできる、流れがおだやかな「スリック」という場所で、動かずにただよっている。近づいてきた魚や、うっかりスリックの下ににげこんできた魚を、目にもとまらぬ速さでつかまえる。

ココも見て！

魚竜（p.110～111）という、大昔の海に住んでいた爬虫類も調べてみよう。

ウミイグアナ　ウミイグアナは、海でエサを探す唯一のトカゲだ。12メートルの深さまでもぐって、海藻をかじり、長ければ１時間も海の中にいる。冷たい海では、食事をしていないときは、岩場で日光浴をする。

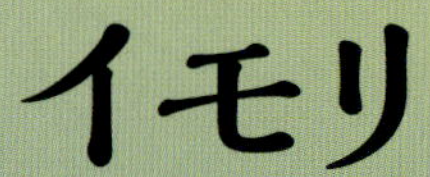

カエルや他の両生類と同じように、イモリも、水中で暮らす時期と、陸上で暮らす時期がある。水中と陸上を行き来するイモリは、ちがう環境に適応するために、自分の体を大きく変化させるよ。北アメリカのブチイモリは、池や湿地、小さな湖などに住んでいるけれど、森林の落ち葉の間で過ごす時期もあるんだ。

水にもどる

おとなになると、水にもどる。あとは死ぬまで、池などの湿った場所で過ごす。まだ肺があるので、水面に上がって呼吸をする。

おとなの尾は、泳ぐために、幅が広く平たくなる。

おとなの体は赤くない。皮膚にはまだ毒があるが、エフトのときほど毒は強くない。

求愛するカップル

イモリのオスはメスに求愛するとき、「ダンス」をしてからメスにだきつく、メスがオスを受け入れると、オスは精包（精子の入った袋）を、どろの積もった水底に落とす。その精包がメスの体に取りこまれて、精子と卵が受精する。

オスはメスにだきつき、尾をふって、自分のニオイをメスの鼻に向かってただよわせる。

精包

卵を産む

メスは水草の葉や茎に、1度に1個ずつ卵を産む。卵をかくすために、卵に水草を巻きつけることもある。数週間にわたって、毎日数個の卵を産む。

水草に卵を産むことで、卵を守り、天敵からかくすことができる。

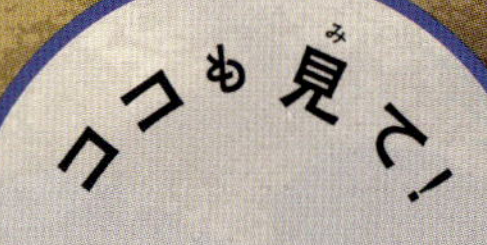

カゲロウ（p.88～89）も幼虫のあいだは水中で過ごし、その後、水から出てくる。

陸上で暮らすエフト

2～3か月後、幼生に肺ができて、エラがなくなり、陸上で生活するようになる。この若いイモリを「エフト」と呼ぶ。こうした体の変化を「変態」という。エフトは長ければ7年ほど陸上で生活し、土の中や葉の下で見つけた小さな生き物を食べる。

水に適応

幼生には、水中で呼吸するためのエラと、泳ぐための尾があり、やがて足が生えてくる。幼生は大食いのハンターで、ミジンコ、巻き貝、甲虫やカの幼虫など、小さな動物をつかまえて食べる。

幼生は頭のすぐ後ろに、羽のようなエラがある。

**イモリは、
足がなくなっても、
また新しい足が生えてくる。**

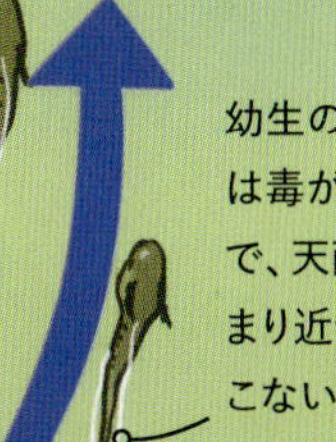

幼生の皮膚には毒があるので、天敵はあまり近づいてこない。

2～3週間で卵はかえり、幼生が生まれる。

卵がかえる

母親は卵を産むとどこかへ行ってしまい、卵は勝手に成長してかえる。卵からかえった幼生は、数日間、おなかの袋にある卵黄の残りだけで生きる。

木の上のオタマジャクシ　ブロメリアという植物は、熱帯雨林の高い木の上に生える。熱帯に住むカエルのなかには、この植物の中心にたまった雨水に卵を産むものもいる。オタマジャクシはこの雨水の中で、藻類や昆虫の幼虫を食べる。

交尾する両生類　アシナシイモリは、足のないミミズのような両生類だ。アシナシイモリの卵は、メスの体内で受精する。イモリのように精包で受精させるのではなく、オスとメスが交尾し、オスがメスの体内に直接精子を送りこむ。

だきついて産卵　ほとんどのカエルは、水中で卵を受精させる。産卵するとき、オスはメスにぴったりとしがみつき、精子と卵を近くで放つ。こうすることで、卵が受精する可能性が高くなる。

カエル

モグリアマガエルは、オーストラリア南部の湿地や小川、草原に住んでいるカエルだ。ここは雨がほとんど降らない場所なのだけれど、このカエルはとんでもない方法で、厳しい環境を生きぬいているよ。

おとなのカエルは、土にもぐっているあいだ、体にたくわえた脂肪で生きのびる。

深い穴をほる

１年のうちで雨の少ない乾季になると、地表の水は干上がってしまう。そこで、モグリアマガエルは足をスコップのように使って、砂地に深い穴をほる。深さ1メートルまでほることができる。

穴をほる

若いカエルは、地面に穴をほり始める。穴の中でじっとしていると、やがて次の雨が降り、また新しいサイクルが始まる。

変身

30日ほどで、オタマジャクシは陸上で生活できるカエルになる。若いカエルは、砂地がまだやわらかいうちに穴をほって、土の中にもどらなければならない。

オタマジャクシは成長が早く、体長6センチメートルにもなる。

ココも見て！
イモリ（p.114〜115）など、陸上と水中の両方で生活する他の両生類も調べてみよう。

カンガルーネズミ　カンガルーネズミは、北アメリカの西部に住んでいる。水を一滴も飲まなくても、種子などの食べ物にふくまれる水だけで生きていける。しかも、とてもこいおしっこをして、体から出ていく水を減らしている。

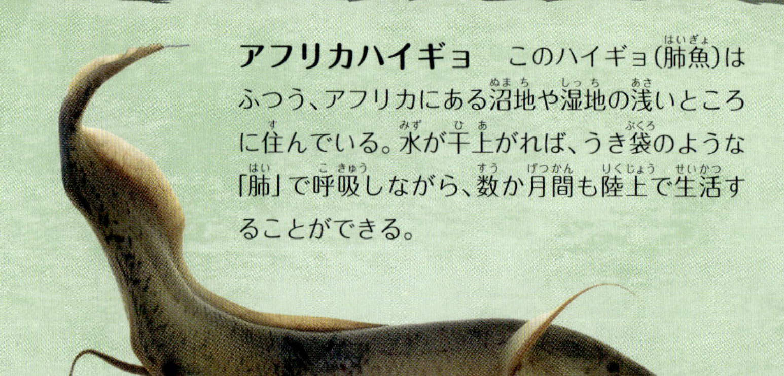

アフリカハイギョ　このハイギョ（肺魚）はふつう、アフリカにある沼地や湿地の浅いところに住んでいる。水が干上がれば、うき袋のような「肺」で呼吸しながら、数か月間も陸上で生活することができる。

モグリアマガエルは、水を飲まずに最長で5年間も生きることができる!

乾燥を防ぐ

カエルは穴の中で、皮膚とヌルヌルした粘液とで繭をつくる。水を通さないこの繭が固くなって、カエルを包む袋のようになる。そのおかげで、水はにげて行かず、カエルは干からびる心配がない。

目を覚ます

雨が降ると、穴の中に水がしみこんでくる。これが目を覚ます合図だ。カエルは袋からはい出し、袋を食べて栄養にする。

膀胱の中と皮膚の下に、体重の2倍にあたる水をたくわえている。

特別な鳴き声

オスは、水がまた干上がるまえに、早くカップルの相手を見つけなければならない。だから、小さな水たまりの周りに集まって、大声で「マオー、マオー」とメスを呼ぶ。

産卵

カップルになったあと、メスは水中に卵をたくさん産む——1度に産む数は500個にもなる。卵のかたまりは水中の植物にくっついたり、水面にうかんだりする。数週間すると、卵がかえり、金色がかった緑色の大きなオタマジャクシが生まれる。

砂漠のカメ　暑くて乾燥した場所にいるサバクゴファーガメは、膀胱に水をたくわえられる。このカメは、メキシコとアメリカ合衆国に住んでいる。雨が降ると雨水を大量に飲んで、膀胱を水でいっぱいにしておき、乾季になると膀胱の壁を通してその水を取り出す。

ソバージュネコメガエル　このカエルは、南アメリカの乾燥したチャコ平原に住んでいる。皮膚からワックス状の物質を出し、手足を使って、それを全身に塗る。この物質は、体から水が失われるのを防いでくれる。

褐虫藻

熱帯のサンゴ礁には、色とりどりの生き物があふれている。この光景は、小さなサンゴのポリプと、その中に住んでいる単細胞の藻類が、協力してつくり上げたものなんだ。この藻類を褐虫藻という。安全なサンゴに住まわせてもらっているお礼に、褐虫藻はサンゴに、栄養を分けてあげるよ。

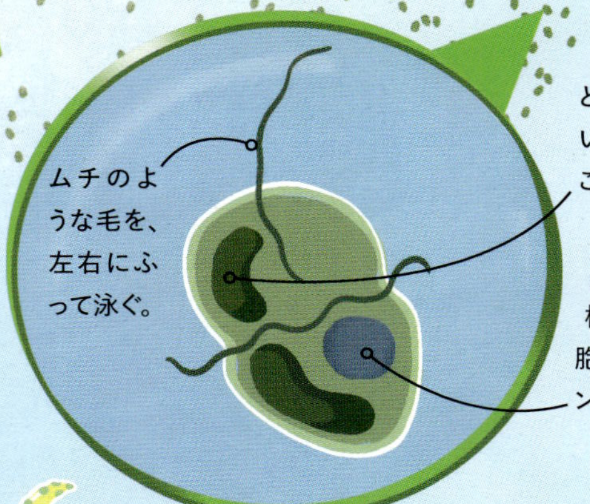

ムチのような毛を、左右にふって泳ぐ。

どの褐虫藻にも、葉緑体という特別な部分があり、そこで光合成を行う。

この部分は細胞核と呼ばれ、細胞のはたらきをコントロールしている。

自由に泳ぐ

褐虫藻は、一生のある時期を、プランクトンとして自由に泳ぎ回っている。植物と同じように、太陽の光を利用して光合成を行い、自分が食べる糖をつくり出す。

飲みこまれる

サンゴ礁では、イソギンチャクのようなサンゴのポリプが、口から水を吸いこむときに、褐虫藻もいっしょに飲みこむ。褐虫藻は、ポリプの体の細胞に「取りこまれる」と、ムチのような毛がなくなる。

ポリプの体はすき通っているので、褐虫藻に太陽の光がたっぷりとどく。

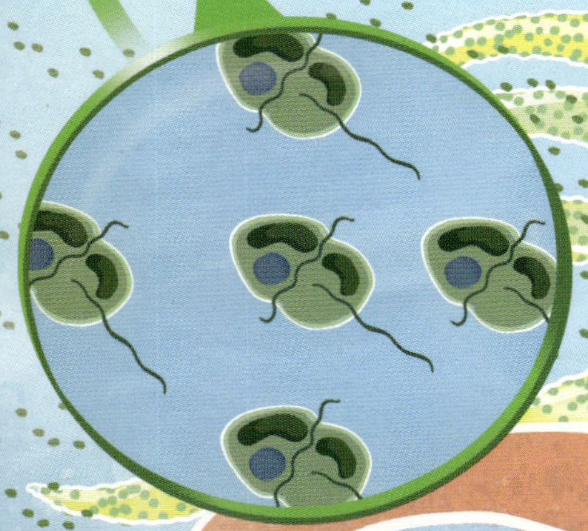

プランクトンにもどる

泳ぐための毛がある褐虫藻は、ポリプに追い出される。追い出された褐虫藻は、他の小さな藻類や動物といっしょに、プランクトンとして生きる。泳ぐための毛がない褐虫藻は、ポリプの中に残って、食べ物をつくり続ける。

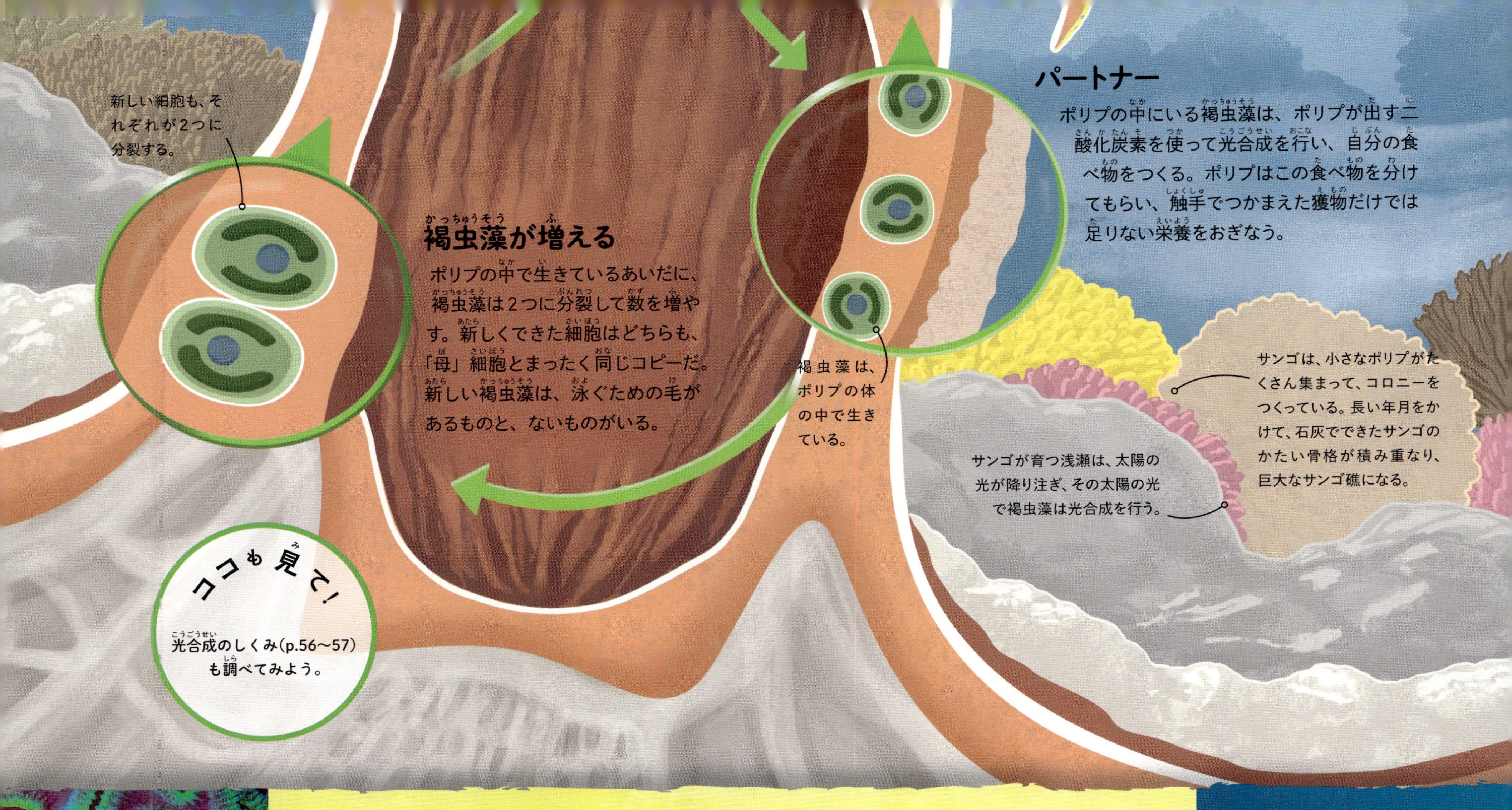

褐虫藻が増える

ポリプの中で生きているあいだに、褐虫藻は2つに分裂して数を増やす。新しくできた細胞はどちらも、「母」細胞とまったく同じコピーだ。新しい褐虫藻は、泳ぐための毛があるものと、ないものがいる。

パートナー

ポリプの中にいる褐虫藻は、ポリプが出す二酸化炭素を使って光合成を行い、自分の食べ物をつくる。ポリプはこの食べ物を分けてもらい、触手でつかまえた獲物だけでは足りない栄養をおぎなう。

ココも見て！
光合成のしくみ(p.56~57)も調べてみよう。

サンゴの色　サンゴの美しい色の多くは、褐虫藻が太陽のエネルギーを取りこむために使う、色素という化学物質によるものだ。葉緑素という色素は、緑色や茶色がかった色になる。

海中の日焼け止め　サンゴのなかには、ピンクや紫の色素を自分でつくるものもいる。こうした色素は、サンゴに住む褐虫藻を、太陽の有害な紫外線から守るはたらきがある。人間が日焼け止めを塗って、肌を守るのと同じだ。

サンゴの白化　海があたたかくなりすぎたり、汚染されたりすると、サンゴは褐虫藻をすべて追い出して、白くなる。これがサンゴの「白化」だ。そのまま海の状態がよくならなければ、サンゴは死んでしまう。地球温暖化によって海水の温度が上がり続けているせいで、世界中でサンゴの白化が進んでいる。

海藻のなかま

ジャイアント・ケルプは、地球最大の海藻だ。海藻は、植物に似た姿をしていて、植物と同じように光合成で自分の食べ物をつくるけれど、じつは藻類なんだ。沿岸部の冷たい海で、水に体を支えてもらって、海底から立ち上がり、おとなのケルプはなんと30メートルにもなる。こうした巨大なケルプも、生まれたてはとても小さいんだ。びっくりするよね。

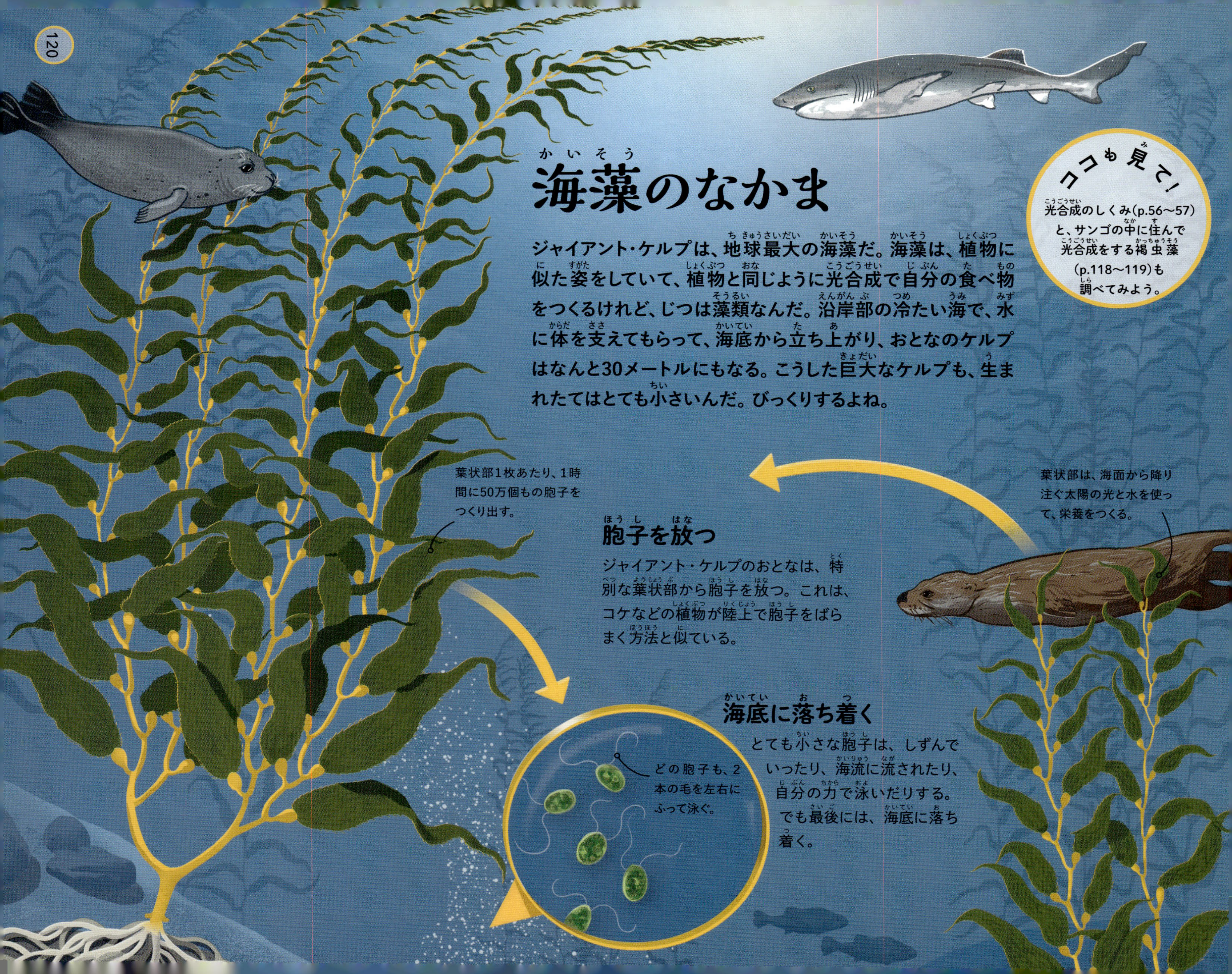

ココも見て！
光合成のしくみ(p.56～57)と、サンゴの中に住んで光合成をする褐虫藻(p.118～119)も調べてみよう。

胞子を放つ

ジャイアント・ケルプのおとなは、特別な葉状部から胞子を放つ。これは、コケなどの植物が陸上で胞子をばらまく方法と似ている。

海底に落ち着く

とても小さな胞子は、しずんでいったり、海流に流されたり、自分の力で泳いだりする。でも最後には、海底に落ち着く。

発芽

胞子が発芽する。まだとても小さくて、青色や金色をした小さな綿毛の玉のように見える。青い玉が精子を放つと、その精子は泳いでいって、金色の玉にくっついている卵と受精する。

メス型（金色）は卵をつくる。

オス型（青色）は精子をつくる。

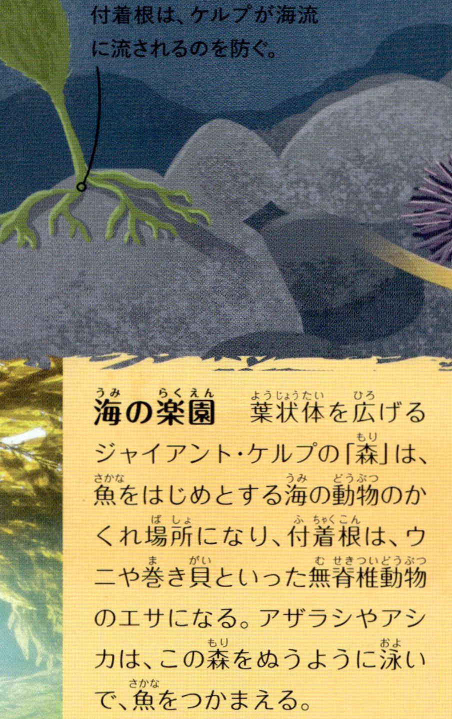

しっかりつかまる

受精卵が成長してケルプの子どもになると、小さな巻きひげをのばし、それを海底の岩や石などに巻きつける。この巻きひげが合わさって、付着根という根のようなものになり、海底にしっかりとくっつく。

付着根は、ケルプが海流に流されるのを防ぐ。

最初の葉状体

付着根で固定されているので、ケルプの子どもは流される心配がない。やがて、成長して葉状体になる。葉状体は、葉のような葉状部と、それを支える茎のような茎状部からできている。どの葉状部の付け根にも、気体のつまった「風船」がついているので、まっすぐにういていられる。

食べ物をつくる

植物の葉と同じように、葉状体の葉状部も光合成を行う。太陽光のエネルギーを吸収し、それを使って、自分の食べ物である糖をつくるわけだ。ケルプが年を取るほど、葉状体の数は増える。何百もの葉状体をもつジャイアント・ケルプもある。

海の楽園　葉状体を広げるジャイアント・ケルプの「森」は、魚をはじめとする海の動物のかくれ場所になり、付着根は、ウニや巻き貝といった無脊椎動物のエサになる。アザラシやアシカは、この森をぬうように泳いで、魚をつかまえる。

植物プランクトン　ほとんどの藻類は、一生のあいだずっと小さな姿のままだ。植物プランクトンとして、水中に住む多くの動物のエサとなる。

海藻の色　植物と同じように、海藻も、葉緑素という緑色の色素を使って、太陽の光のエネルギーを取りこむ。でも、すべての海藻が緑色というわけではない。赤色や、茶色（ジャイアント・ケルプなど）の海藻もある。こうした海藻は、水中で光をうまく取りこむために、葉緑素の他にも、光を吸収する色素をもっているのだ。

水と人間

水は、私たちの毎日の生活になくてはならない存在だ。食べ物を調理するときも、体を洗うときも、衣服を洗濯するときも、水を使うよね。張りめぐらされた水道管のおかげで、必要な場所にどこでも水をとどけることができているんだ。また、農作物を育て、物資を運び、発電するときも、水が使われている。貴重で、いろいろな役に立つ水――水をムダにしないようにしようね！

生活に欠かせない水

人にとって、水はとても重要なものだ。農作物を育てるときも家畜を飼うときも、水が欠かせないし、海や川や湖からは、たくさんの食べ物をもらっている。それに、人は水の上に船をうかべて、旅や貿易、探検を行ってきたんだよ。

どの農作物も、定期的に水をやらないと、ちゃんと育たない。1キログラムの米をつくるのに、およそ2500リットルの水が必要だ。

復元したエンデバー号。エンデバー号は、1770年にヨーロッパからオーストラリア東部に初めてたどり着いた船だ。船長は、イギリスの探検家ジェームズ・クックだった。

海のめぐみ

水の中には、おどろくほど多様な生き物が暮らしている。そんな生き物のうち、海藻、魚、エビなどを、人は大量に食べている。人が口にするタンパク質の約17パーセントは、海からもたらされている。海沿いの国では、その割合が50パーセントになるところもある。

旅と探検

自動車や飛行機が登場するまえ、人は船を使って、探検や長い距離の旅をしていた。中国の鄭和、ヨーロッパのクリストファー・コロンブスやバスコ・ダ・ガマなどの探検家たちが、新しい海のルートを発見したおかげで、旅と交易が可能になった。

毎年1億7000万トンを超える魚やエビなどの魚介類を、人は養殖場で育てたり海でつかまえたりしている。

生野菜や果物は、虫や汚れ、農薬（農作物の成長を助けるために使う化学薬品）を落とすために、水でさっと洗ったほうがいいだろう。

食事をこしらえる

水は、食材を洗ったり調理したりするのに欠かせない。食材をゆでるとき、蒸すとき、そしてソース、あげ物の衣、パン生地をつくるときにも使う。食べ終わったあとも、フライパンや皿、調理道具を洗うのに水が必要になる。

私たちが買うものの約90パーセントは、船で運ばれてきたものだよ。

コンテナ船は、さまざまな積み荷を運ぶ。各コンテナには、おどろくほど大量のものを入れることができ、靴箱なら1万2000個、バナナなら4万本以上入る！

貿易と輸送

現在、何十億トンもの商品や原材料が、コンテナ船やタンカーなどの船で運ばれて、世界中を行き来している。巨大な貨物船のなかには、１度に7000台以上の自動車や２万個以上のコンテナを運べるものもある。大きな港には、年間数千隻の船が出入りする。

沿岸

世界の主要都市のほとんどは、貿易がしやすいように海の近くにつくられている。大きな都市トップ10のうち８つが、海岸沿いか、海に近い河口にある。その他の都市も、海や他の都市へ行きやすい大きな川のそばにある。

中国の上海は、世界有数の貿易港だ。

水力発電

水の動きを利用すると、電力をつくることができるよ。これを水力発電という。水力発電のひとつに、川に巨大なダムをつくる方法がある。川の水がダムから流れ落ちると、その勢いでタービンという装置の羽根が回る。それによって、タービンにつながった発電機も回り、電力が生み出されるしくみになっているんだ。

潮力発電
潮の満ち引きによって、海面は1日に2回、上がったり下がったりする。潮力発電所は、この動きを利用してタービンやパドルを回し、電気を生み出す。

現在使用されているなかで最古のダムは、
シリアのホムス湖にあるダムだ。
3000年以上前、エジプトを
セティ王が治めていた時代につくられた。

導水路

貯水池

ダムをつくる ダムは、大きな川を横切るように、落差のある場所につくる。こうすることで、水は上のダムから下の川まで、長い距離を落ちることになる。

水門を開けろ！ 発電するために、ダムの水門を開ける。すると、貯水池から水が流れ出す。導水路を通って、水は下へ流れていく。

スクリュー型タービン

小さな川でも、スクリュー型のタービンを使えば発電できる。水がスクリューの上部に流れこむと、水の重みでスクリューが回転し、発電機も回転するしくみだ。

魚道

サケは産卵のために毎年、川をさかのぼる。川にダムをつくると、サケが産卵できなくなってしまう。そこで、ダムの横に、サケが通れる「魚道」をつくる取り組みが進められている。

三峡ダム

世界最大のダムは、2006年に完成した中国の三峡ダムだ。幅2.3キロメートル、高さ192メートルもある。

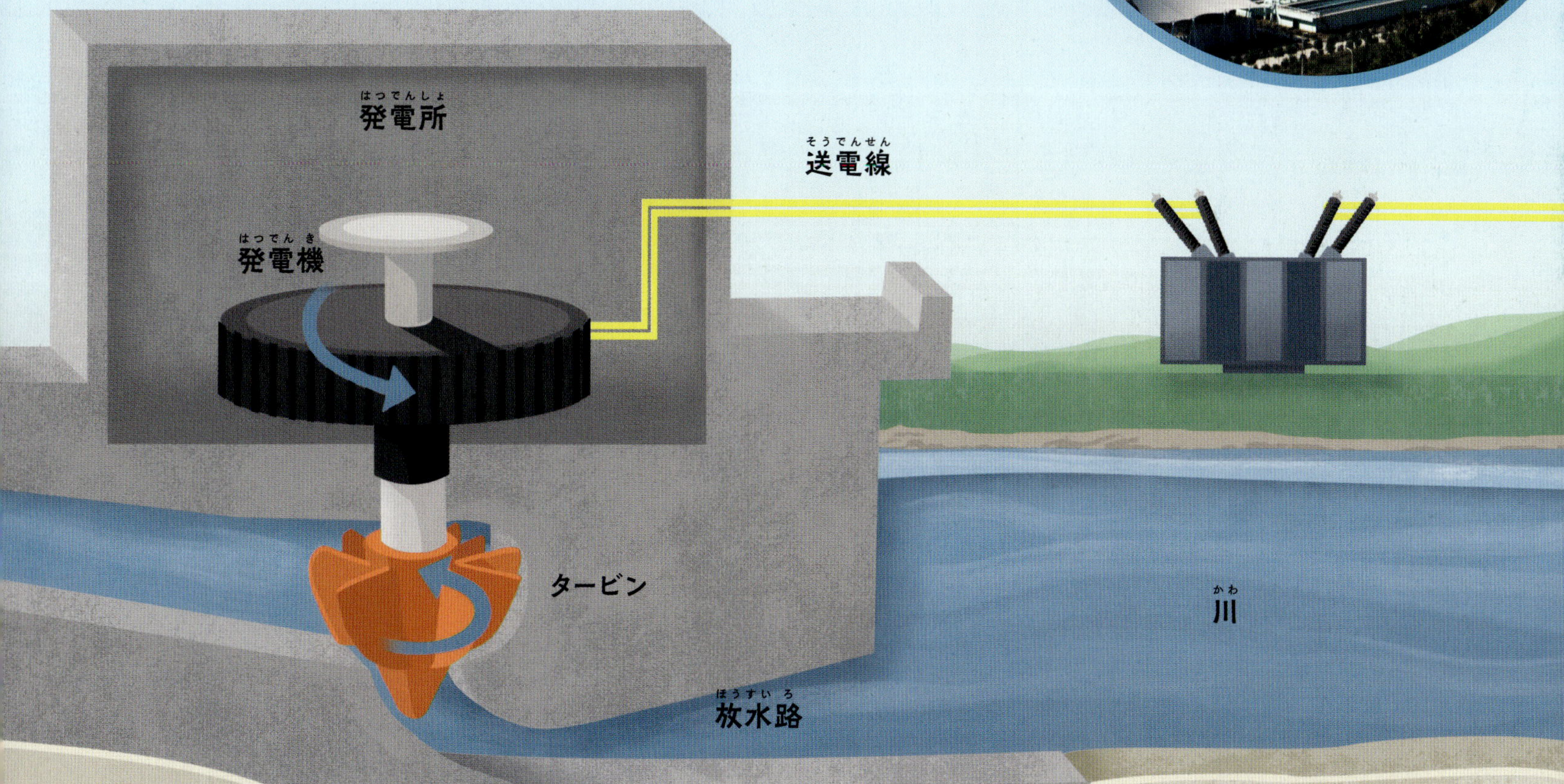

発電する 導水路の終わりにはタービンがあり、流れてきた水がタービンの羽根に当たると、羽根が回転する。タービンの軸が発電機とつながっているので、発電機も回転し、電気が発生する。その電気は、送電線を使ってダムから運び出される。

水は川にもどる 発電に使った水はタービンを通り過ぎ、放水路を通って川にもどる。放水路からは、勢いよく水が出てくる。

灌漑

多くの地域は自然に降る雨だけだと、農作物がちゃんと育たないんだ。だから、人の手で農作物に水をやらなければならない。人工的に農地をうるおすことを、灌漑という。6000年以上前から、アジアと中東では灌漑が行われていた。現在では、たくさん収穫できるように、さまざまな灌漑が行われているよ。

水をためる

地下深くにある水を利用するために、井戸をほる場合もあれば、人工のため池や大きなタンクに水をためる場合もある。

スプリンクラー灌漑

パイプを通して、スプリンクラーに水を送り、細かい水滴にして農作物にまく。スプリンクラーは、1か所に固定することもできるし、車輪をつけて農地を移動させることもできる。

ろ過し、ポンプで送る

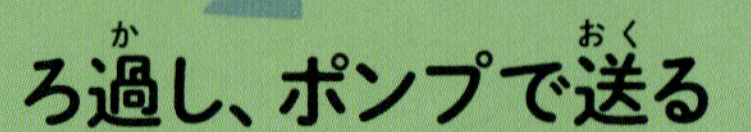

井戸水をくみ上げて、ろ過タンクの上から入れる。砂の間を通るときに、水はろ過され、汚れや藻類が取り除かれる。きれいになった水を、ポンプで灌漑用のパイプに送る。

1滴ずつ水やり

点滴灌漑では、細いパイプを農地に張りめぐらせる。パイプには、小さな穴がところどころに開いていて、そこから農作物の根元に直接水が注がれる。他の灌漑の方法よりも、ムダになる水が少ない。

地表灌漑

傾斜のある畑では、簡単な地表灌漑ができる。農作物を植えた畝と畝の間にある、細長くて浅いみぞを、畝間という。畝間に水を流せば、重力によって、畑に植えたすべての農作物に水が行きわたる。

空からチェック

ドローンを農地の上に飛ばし、カメラやセンサーを使って、畑の水分量や温度を測定する。必要な場合に、すぐに水をまけるドローンもある。

アメリカ合衆国コロラド州には、円形の畑がいくつも並んでいる。

世界中で使用される塩分をふくまない水の70パーセントは、農作物の栽培と家畜の飼育に使われている。

センターピボット灌漑

この灌漑方法では、大型のスプリンクラーを電動モーターで回転させる。スプリンクラーの一方の端が固定されていて、もう一方の端が大きな円を描いて動くあいだに、水をまくしくみだ。大きな円形の畑に水をまくには、12～21時間かかる。

センターピボット灌漑を行う畑は、直径が約800～1000メートルの円形だ。

住宅で使う水

飲み水だけでなく、洗濯、料理、掃除など、住宅では毎日さまざまなことに水を使っているよね。水道管が家じゅうに張りめぐらされているおかげで、台所やトイレ、風呂など、必要な場所で水を使えるんだ。使い終わった水を外に出す排水管も、家じゅうに張りめぐらされているよ。

張りめぐらされた水道管

台所の流し台には、水道管で送られてきたお湯と水が出る。食器洗い機などの家電製品が、専用の管で水道管につながっていることもある。水道管から直接水を取りこんで氷をつくれる冷凍庫や、冷水と温水が両方出る洗濯機もある。

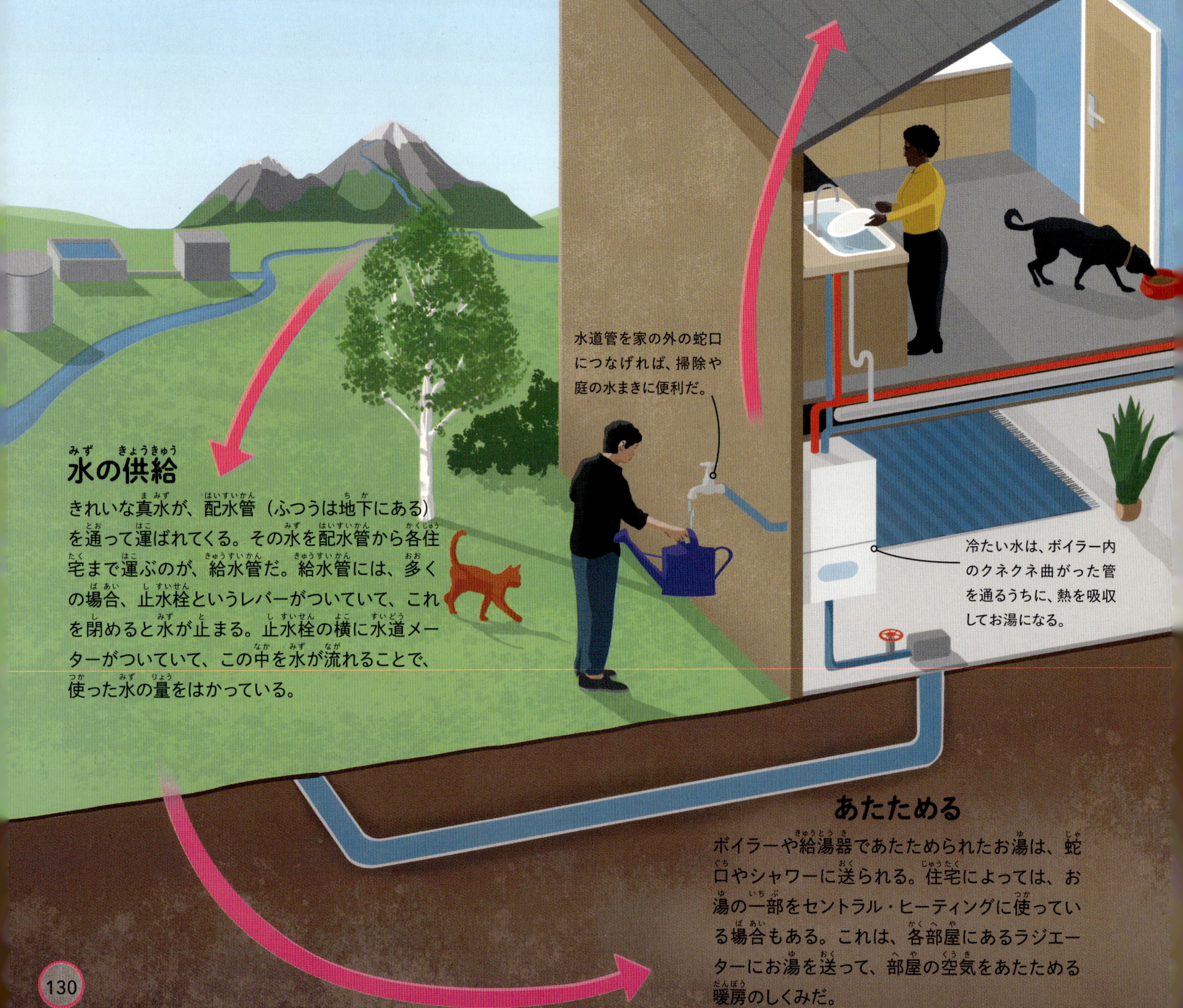

水道管を家の外の蛇口につなげれば、掃除や庭の水まきに便利だ。

水の供給

きれいな真水が、配水管（ふつうは地下にある）を通って運ばれてくる。その水を配水管から各住宅まで運ぶのが、給水管だ。給水管には、多くの場合、止水栓というレバーがついていて、これを閉めると水が止まる。止水栓の横に水道メーターがついていて、この中を水が流れることで、使った水の量をはかっている。

冷たい水は、ボイラー内のクネクネ曲がった管を通るうちに、熱を吸収してお湯になる。

あたためる

ボイラーや給湯器であたためられたお湯は、蛇口やシャワーに送られる。住宅によっては、お湯の一部をセントラル・ヒーティングに使っている場合もある。これは、各部屋にあるラジエーターにお湯を送って、部屋の空気をあたためる暖房のしくみだ。

勢いの強いシャワーヘッドは、1分間で15リットルもの水を使う。

処理される

下水管を通って、水は下水処理場まで運ばれる。ここで水をろ過し、きれいにしてから、川や海などにもどす。

トイレの水を流すと、汚物は排水管に流れる。

排水する

流し台や浴室などの排水口に、使って汚れた水を流すと、排水管を通って運び出される。こうした汚水は、住宅の外に出てから、公共の下水管に流れこむ。

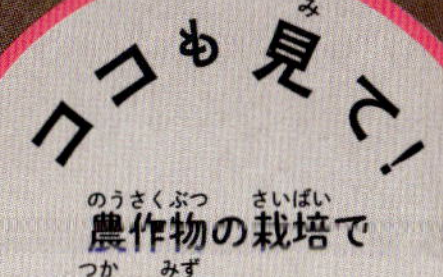

農作物の栽培で使う水について、灌漑(p.128〜129)も調べてみよう。

水のムダづかい　きれいな水を利用できない人が、世界には8億人以上いる。それなのに、他の地域では、多くの水をムダにしている。1つの蛇口が水もれしているだけで、1年間に5000リットル以上のきれいな水がムダになってしまう。

水を大切に　蛇口を開けっ放しにすると、毎分5〜20リットルの水が流れてしまう。歯をみがいているあいだは蛇口を閉めたり、庭の水まきはホースではなくじょうろを使ったりするだけでも、簡単に節水できる。

雨水をためる　屋根から流れてくる雨水を集め、タンクにためることで、水道水を使う量を減らしている家庭が増えている。この雨水は、庭の水まきや、(工事をすれば)トイレを流すのにも使える。

汚水

私たちは毎日水を使っているよね。でも、使い終わった水がどこに行くのか、考えたことはあるかな？　家やその他の建物から出た汚水は、下水管に流れていく。この汚水は下水処理場に集められ、そこできれいにしてから川や海にもどされるんだ。

トイレの水を流すと、排水管を通って、下水管という太い管に流れこむ。

汚水

汚水は、排水管から下水管へ流れこむ。下水管を通って下水処理場に集められた汚水は、そこできれいにされる。

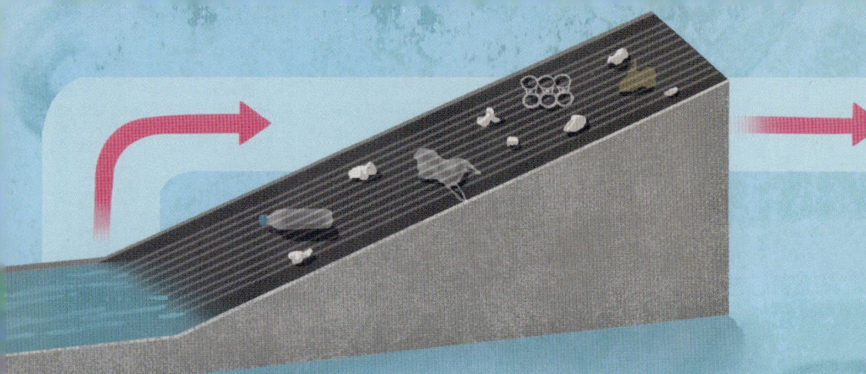

スクリーニング

処理場にやって来た汚水は、いくつかの段階できれいにされる。まず、空き缶やビニール袋、おむつなどのごみは、格子状の柵（スクリーン）に引っかけて取り除かれる。これをスクリーニングという。

汚泥

汚れを取り除く

次に、水はポンプでくみ上げられて、沈殿池という大きくて深いタンクに送られる。うんちなど、重いごみはしずんでいき、タンクの底に汚泥がたまる。汚泥は取り出されて、肥料や燃料にされる。

住宅で使う水（p.130〜131）も調べてみよう。

汚泥の処理　汚水から取り除いた汚泥は、処理をすれば肥料になる。汚泥は、大きな消化タンクに送られ、そこで細菌によって分解される。その後、乾燥させて粒状にしたものを、肥料として畑にまく。

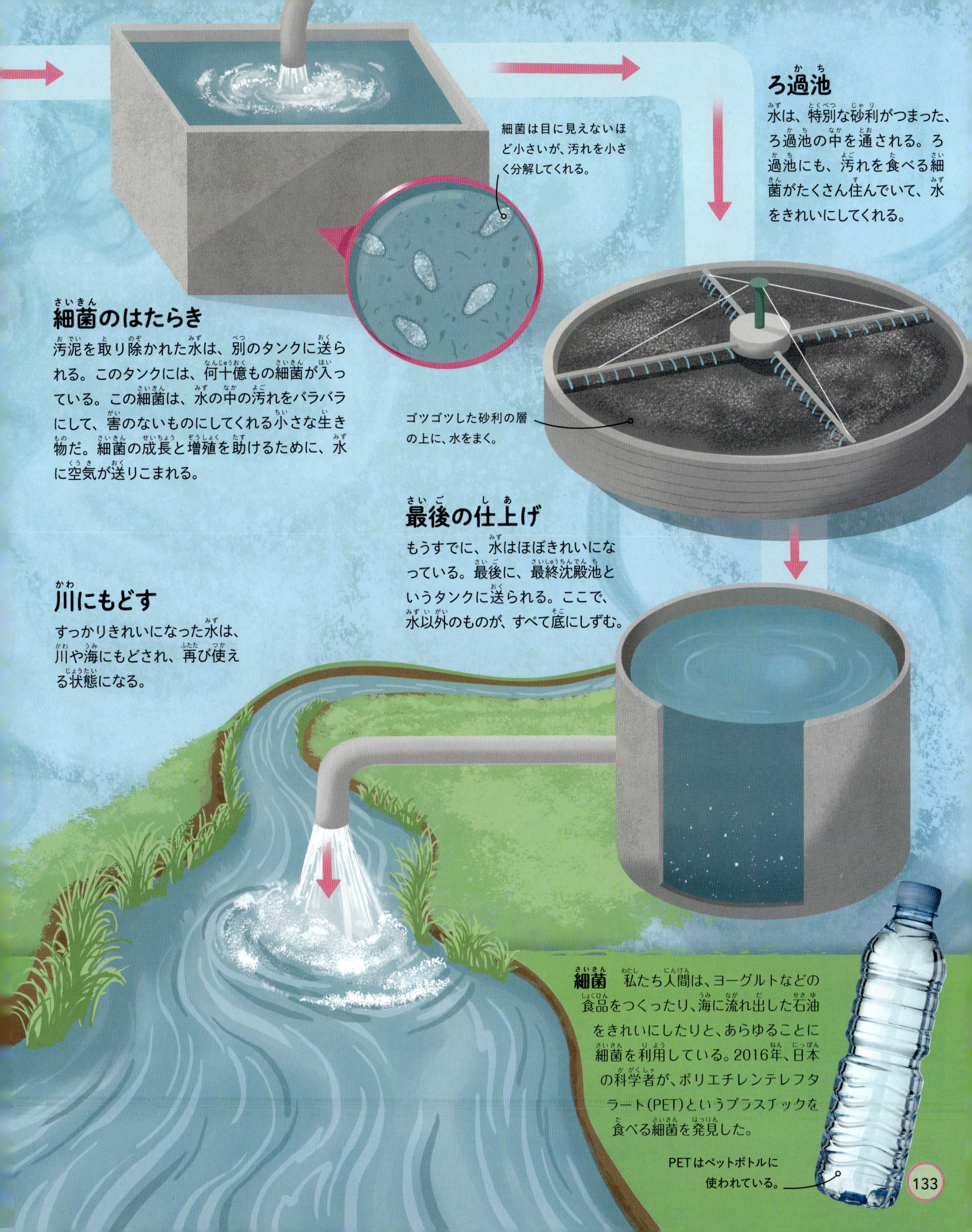

細菌のはたらき

汚泥を取り除かれた水は、別のタンクに送られる。このタンクには、何十億もの細菌が入っている。この細菌は、水の中の汚れをバラバラにして、害のないものにしてくれる小さな生き物だ。細菌の成長と増殖を助けるために、水に空気が送りこまれる。

ろ過池

水は、特別な砂利がつまった、ろ過池の中を通される。ろ過池にも、汚れを食べる細菌がたくさん住んでいて、水をきれいにしてくれる。

最後の仕上げ

もうすでに、水はほぼきれいになっている。最後に、最終沈殿池というタンクに送られる。ここで、水以外のものが、すべて底にしずむ。

川にもどす

すっかりきれいになった水は、川や海にもどされ、再び使える状態になる。

細菌　私たち人間は、ヨーグルトなどの食品をつくったり、海に流れ出した石油をきれいにしたりと、あらゆることに細菌を利用している。2016年、日本の科学者が、ポリエチレンテレフタラート(PET)というプラスチックを食べる細菌を発見した。

超高層ビルの水

世界の多くの都市に、超高層ビルが建っている。2024年現在、世界一高いビルは、ドバイにある高さ828メートルの「ブルジュ・ハリファ」だ。日本のスカイツリーよりも高く、160もの階に人が住んだりはたらいたりしていて、1万人も入ることができる。でも、この巨大ビルのすみずみに、どうやって大量の水をとどけるのだろう。

ブルジュ・ハリファでは、1日あたり平均94万6000リットルの水を使用する――これはお風呂6000杯分の水だ。

張りめぐらされた水道管

ビルの消火システムとして、212キロメートルを超える水道管が、4万3000個のスプリンクラーにつながっている。また、部屋の冷房システムとして、33.6キロメートルの水道管が冷水を運んでいる。どちらも、通常の給水システムとは別のポンプや制御装置で動いている。

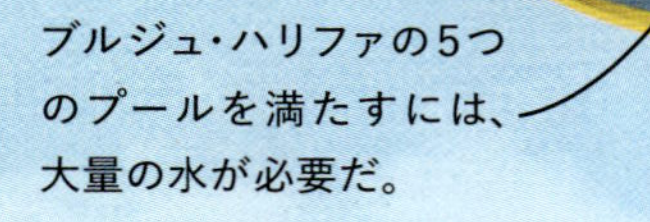

ブルジュ・ハリファの5つのプールを満たすには、大量の水が必要だ。

給水ゾーン

中間タンクの水は、ビルの決まった給水ゾーン（タンクのすぐ上とすぐ下のいくつかの階）で使われる。機械室の階には増圧ポンプがあり、これを使って水を次の中間タンクにおし上げる。

トイレや洗面台からつながる排水管は、水が流れ落ちる音が聞こえないように、防音対策がされている。

結露を集める ブルジュ・ハリファ内の空気は、高温多湿な外の空気よりも温度が低い。そのため、外の空気にふくまれる水蒸気がビルのガラス窓にふれると、液体の水にもどり(凝縮)、ガラスに水滴がつく。これを結露という。1年間に発生する結露は、なんと約6800万リットルだ。その結露を集めて、ビルの地下駐車場にある大きなタンクにためている。この水は、噴水に使ったり、ビルの周りにある庭園の水やりに使ったりする。

屋上タンク 昔に建てられた高いビルには、屋上に大きな貯水タンクが置かれている。まず、モーター式のポンプで、地上からビルの上まで水をおし上げ、タンクに水をためる。そうすれば、必要なときにいつでも、給水管で下に水を送ることができる。タンクの水が減ると、またポンプのスイッチが入って水をおし上げるので、いつも満タンになっている。

中間タンク

水は、いくつかの区分に分けて、ビルの上へ送られる。各区分に、中間タンクという大量の水をためるタンクがある。ブルジュ・ハリファには、73〜75階、109〜111階、136〜138階、155〜156階に、合わせて4つの中間タンクがある。それぞれ90万リットルの水をためることができる。

ポンプでおし上げる

水道水にはかなりの水圧がかかっているので、少しの高さなら、何もしなくても水はとどく。しかし、ブルジュ・ハリファでは、強力なポンプをいくつも使って、それ以上の高さに水をおし上げなければならない。これらのポンプは非常に強力で、大気が地球をおす圧力の約30倍の水圧をかけることができる。

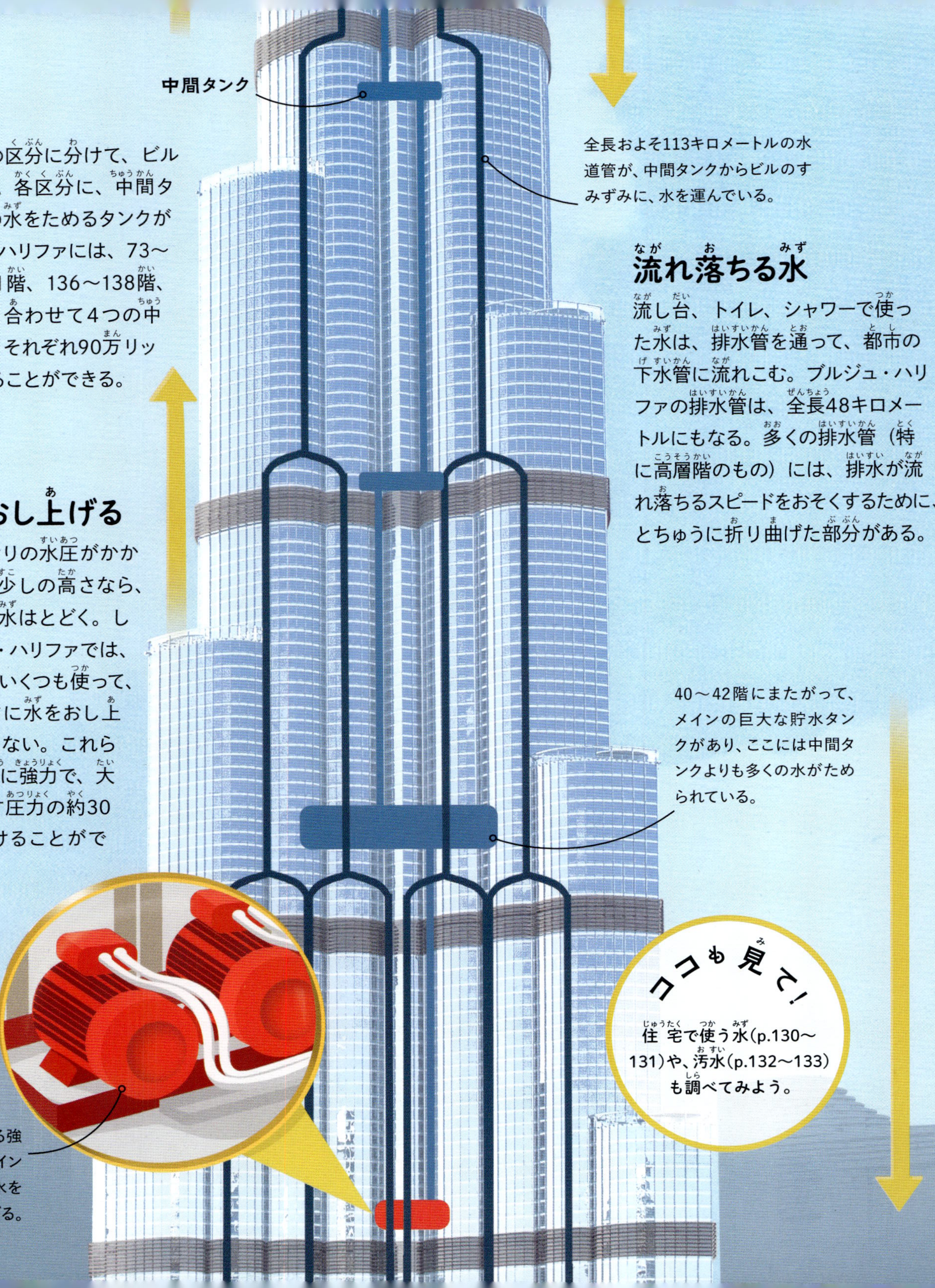

中間タンク

全長およそ113キロメートルの水道管が、中間タンクからビルのすみずみに、水を運んでいる。

流れ落ちる水

流し台、トイレ、シャワーで使った水は、排水管を通って、都市の下水管に流れこむ。ブルジュ・ハリファの排水管は、全長48キロメートルにもなる。多くの排水管（特に高層階のもの）には、排水が流れ落ちるスピードをおそくするために、とちゅうに折り曲げた部分がある。

40〜42階にまたがって、メインの巨大な貯水タンクがあり、ここには中間タンクよりも多くの水がためられている。

ビルの地下にある強力なポンプで、メインの貯水タンクまで水を上げる。

ココも見て！
住宅で使う水(p.130〜131)や、汚水(p.132〜133)も調べてみよう。

宇宙の水

国際宇宙ステーション（ISS）は、地球の周りを回っている実験施設だ。一度に最大6人の宇宙飛行士が生活できる。人間が生きていくのに必要なものは、ISSにすべてそろっていなければならない。もちろん、水もないと困る！　地球から宇宙へ水を送るのに、たくさんのお金がかかるから、宇宙飛行士は水をとても大切に使い、できるだけリサイクルしているよ。自分たちの尿まで飲み水にリサイクルしているんだ！

この20年間、国際宇宙ステーションには、つねにだれかが住んでいる！

水を集める

宇宙では体がふわふわうかぶので、トイレで用をたすのも、そう簡単にはいかない。ISSのトイレは、周りに飛び散ることなく、すべての液体をつかまえられるように設計されている。宇宙飛行士は、この特別なトイレをうまく使えるように訓練を受けている。

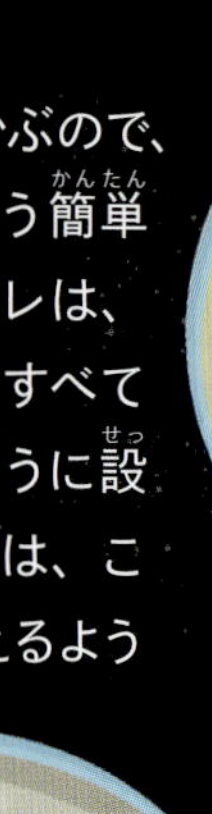

液体の尿は、「じょうご」が先についたホースで、掃除機のように吸い取る。その後、処理してリサイクルする。

固体の大便は便器に出して乾燥させ、そのとき取り除いた水もリサイクルする。

宇宙飛行士のはき出す息にふくまれる小さな水滴もつかまえて、リサイクルする。

宇宙飛行士の汗までリサイクルできる！

シャワーがない　国際宇宙ステーションにはシャワーがない――水滴がふわふわただようと、機械に水が入ってこわれるおそれがあるからだ。その代わり、宇宙飛行士は液体せっけんや、ウェットティッシュ、ドライシャンプーを使う。

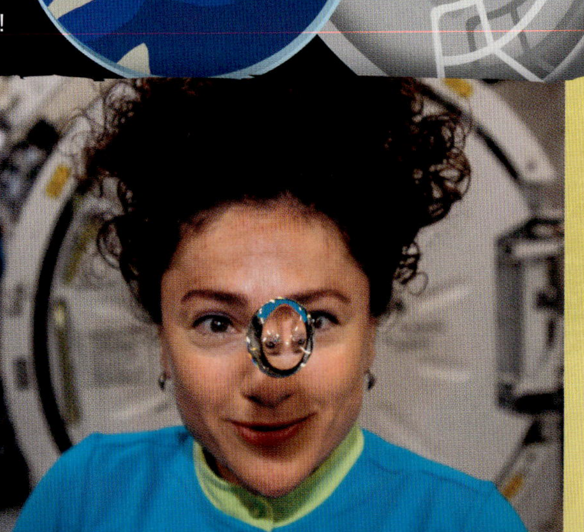

宇宙でも改良中　水を処理するシステムの改良も進められている。古くなった宇宙トイレも交換できるんだ！

尿を処理する

尿は、尿処理装置で水とその他の成分に分けられる。その後、集められた他の水といっしょに、さらに処理される。

尿を蒸留する。つまり、尿を熱してから冷やすことで、塩分を取り除く。その塩分は捨てる。

次に、その水をパージ・ポンプで冷やしたあと、セパレーターで不要なガスを取り除く。

水処理装置

尿の処理が終わると、集められた他の水といっしょに、さらにきれいにする処理と検査を行う。こうしてきれいになった混じりけのない水を、宇宙飛行士が利用する。

飲む準備

宇宙飛行士が水を飲むまえに、水質の検査を行う。不合格の場合は、もう一度始めから処理をやり直さなければならない。

こうして処理された水は、私たちが飲んでいる水道水よりもきれいになっている!

まず、水の中に微生物という小さな生き物がいないか調べる。その後、水をろ過して、残っている粒子を取り除く。

さらに、水をフィルターに通して、不要な化学物質を取り除く。その後、リアクターという装置に送り、そこで熱して酸素と反応させ、有機化学物質を取り除く。

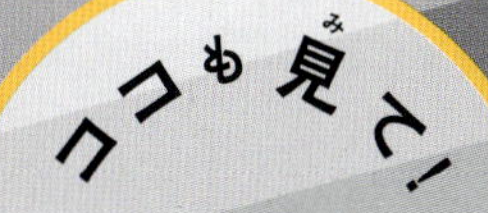

水を使って電気をつくる、水力発電(p.126〜127)も調べてみよう。

袋とストロー 宇宙飛行士は、水処理装置から特別な袋に水を入れて飲む。この袋には、栓を閉められるストローがついている。もしコップに水を注ごうとしても、水はふわふわただよって、にげてしまうだろう!

用語集

本書で登場した用語の中で、難しい用語の意味を解説しました。
※五十音順

引力（重力）…物体がたがいに引き合う力

栄養…生物が生きて成長するために、体に取り入れる物質

獲物…他の動物に殺されて食べられる動物

エラ…動物の体にある羽のような器官。これで水中の酸素を取りこむ

オタマジャクシ…カエルの子ども。オタマジャクシは肺ではなくエラで呼吸をして、長い尾がある

海水…塩分をふくむ海の水

回遊…水中に住む動物が、食べ物や繁殖相手を求めて、定期的に（ふつうは1年に1度）、ある場所と別の場所を行き来すること

外骨格…動物の体を支えて守っている、外側の骨格

環境…人間や動物、植物を取り巻いている周りの世界のこと

寄生…宿主と呼ばれる別の生物の、体の中や表面に住んで栄養をうばい、宿主に害をあたえること

求愛…交尾などの繁殖行動のまえに動物のオスとメスが行う、きずなを結ぶための行動

峡谷…両側が切り立った、幅がせまくて深い谷

凝縮…水が気体（水蒸気）から液体に変わること

棘皮動物…ウニやヒトデといった、海に住む無脊椎動物

銀河…恒星や、ガスとチリでできた雲が、重力によってたくさん集まっている天体

原子…物質を形作っている、もっとも小さな粒子

交尾…有性生殖をするときに、オスとメスがひとつになること。交尾によって、オスの精子と、メスの体内にある卵が受精できる

光合成…植物や藻類が、太陽光のエネルギーを使って、自分の食べ物をつくるはたらき

構造プレート…地球の表面をおおう、十数枚のかたいから

コロニー…同じ種類の生き物がたくさん集まって、いっしょに暮らしている集団

細菌…単細胞の微生物。人間にとって役に立つものも、害になるものもいる

細胞…生物の体をつくっている基本単位

子宮…哺乳類のメスにある体の器官で、赤ちゃんは生まれるまでここで成長する

宿主…寄生する生物（寄生虫など）に栄養をあたえる生き物

種子…植物の胚と食べ物が入ったカプセル

受精…オスとメスの生殖細胞が合体して、受精卵ができること

蒸散…植物の葉から、蒸発によって水が失われること

蒸発…液体が気体に変わること

侵食…風化によってできた堆積物が、風や流れる水、氷河の動きによって、運び去られること

浸透…うすい液からこい液に向かって、境にある膜を通って、水がしみこんでいくこと

水蒸気…気体の状態になっている水

生殖…子孫（子ども）をつくること

精子…オスの生殖細胞

脊椎動物…背骨のある動物

絶滅…その種の最後の個体が死んで

しまい、その種が完全に地球上からいなくなること

絶滅危惧種…絶滅(すべて死に絶えること)のおそれがある種

藻類…太陽光のエネルギーを利用して自分の食べ物をつくる、植物に似た単純な生き物

大気…地球を取り巻く空気の層

胎児…生まれるまえの、動物の子ども

堆積物…湖や川や海の底に積み重なった、小さな岩石のかけらや、生き物の死がい、化学物質など

大陸…地球上の大きな陸地

淡水…塩分をふくまない水

地殻…地球のいちばん外側にある、かたい層

妊娠…成長中の赤ちゃんを身ごもっているメスの動物

胚…発生の初めの段階にある動物や植物

爬虫類…うろこ状の皮膚をもち、肺で呼吸をする、背骨のある変温動物。ヘビやトカゲなど

パンゲア…およそ3億2000万年から2億年前に存在した超大陸で、その後、バラバラに分裂した

繁殖…交尾などによって子孫(赤ちゃん)を残すこと

微生物…細菌などの小さな生き物

風化…岩石や鉱物がボロボロにくずれて、堆積物になること

変温動物…周りの温度によって、体温が変化する動物

変態…昆虫や両生類などの動物で、子どもからおとなに成長するにつれて、体の形ががらりと変わること

方言…ある地域だけで使われる言葉

胞子…菌類や植物が、仲間を増やすためにつくるもの。1個の細胞でできている

母系集団…繁殖可能な強いメスがリーダーをつとめる、社会的な群れのこと。シャチは母系集団で生活する

捕食者…他の動物を殺して食べる動物

ポッド…イルカやクジラなど、海に住む哺乳類がつくる群れ

哺乳類…子どもを母乳で育てる恒温動物で、たいてい全身が毛でおおわれている

ホルモン…内分泌腺でつくられ、血液に乗って全身にメッセージを運ぶ化学物質

マグマ…地下にある、どろどろにとけた熱い岩石

マントル…地球の地殻と核の間にある、厚い岩石の層

密度…一定の体積あたりの質量(物質の量)のこと

無性生殖…生殖方法の1つで、受精することなく、ひとりの親だけで子孫を残すこと

無脊椎動物…背骨のない動物

有性生殖…精子が卵を受精させる生殖

溶岩…火山から地表にふき出した、どろどろにとけた熱い岩石

幼生…親とはまったくちがう姿をしている動物の子どもで、完全変態によっておとなになる

葉緑素…植物にふくまれる緑色の色素。光合成のときに、植物が太陽光のエネルギーを吸収するのを助ける

粒子…原子や分子などの、顕微鏡でしか見えないほど小さな物質

両生類…背骨のある変温動物の1グループで、皮膚がいつも湿っていて、肺で呼吸をする。赤ちゃん(カエルならオタマジャクシ)のときは、水中で生活するものが多い。カエルなど

若虫(ニンフ)…親と同じような姿をしているが、羽がなくて、まだ繁殖できない昆虫の幼虫。ニンフは不完全変態によっておとなになる

さくいん

あ

アーチ …46
アオウミガメ …93
アガラス海流 …41
アザラシ …71, 77, 95, 96-97, 121
アシカ …121
汗 …60, 61, 66
亜成虫 …89
アタカマ砂漠 …40
アフリカハイギョ …116
アホウドリ …70
アホロートル …71
アマゾン川 …26
雨 …9, 11, 14, 15, 19, 20, 26, 30, 31, 34, 116, 117
あられ …14
アンコウ …73, 108-109
イエアメガエル …65
イカ …111
イグアスの滝 …29
イグルー …25
イソギンチャク …59,83
井戸 …30
イモリ …114-115
イリエワニ …112
イルカ …71, 73, 94-95, 111
インド洋 …43, 100, 112
引力 …48-49
ウイルス …60
ウツボ …106
ウツボカズラ …59
ウナギ …73, 102-103
うねり …44
ウミアメンボ …89
ウミイグアナ …113
ウミシダ …59
ウミスズメ …98-99
海鳥 …97, 98-99
うんち …10, 60
S字カーブ …26
エビ …51, 59, 84, 103, 106, 109
エラ …83, 88, 115
塩分を含まない水(淡水) …8-9, 129
オアシス …31
オオグチボヤ …59
オーバーハング …28
オオハシウミガラス …98
小川 …26, 30, 34
おしっこ → 「尿」を参照
オジロスナギツネ …63
汚水 …131, 132-133
オタマジャクシ …80, 81, 115, 116
オニヒトデ …90-91
温泉 …32-33

か

カイアシ …70
海岸線 …15, 46-47
海溝 …72
海食柱 …46
海食洞 …35
海草 …92-93
海藻 …74, 120-121
海綿動物 …59
回遊 …43, 97, 101, 102-103
海流 …40-43
カウンターシェーディング …111
核(細胞) …54
カクレクマノミ …106-107
がけ …35, 46
河口 …27
カサガイ …82
火山ガス …32-33
火山活動 …36-37, 50
火山島 …36-37
下垂体 …67
火星 …9
化石 …75, 110
カツオノエボシ …79
褐虫藻 …118-119
カニ …86-87, 107
雷 …18
カメ …73, 76, 105
ガラガラヘビ …64
カリフォルニア海流 …40
かれ川 …27
川 …10, 11, 15, 26-27, 28, 34, 133
灌漑 …128-129
カンガルーネズミ …116
間欠泉 …32, 33, 50
環礁 …37
岩石 …35, 50, 51, 57
汗腺 …61
干潮 …48-49, 83
カンブリア爆発 …75

陥没穴 …30, 34, 35
環流 …40-41
気孔 …56
寄生虫 …80-81, 106
求愛 …88, 92, 106, 114
吸虫 …80-81
峡谷 …26, 27
凝縮 …11, 18, 19, 65, 135
恐竜 …76, 77
魚介類 …124
棘皮動物 …90
魚竜 …76, 110-111
茎 …7, 56, 57
クジラ …42-43,95, 71,77,97,103
クマムシ …84
雲 …18-21, 26, 30
クラカタウ島 …37
クラゲ …71, 73, 78-79
グランド・キャニオン …27
グランド・プリズマティック・スプリング …33
グリーンランド …42, 43
黒潮 …41
下水 …131, 132-133, 135
下水処理場 …131, 132-133
血液 …60, 61, 66, 67
血液細胞 …60
血管 …61
血漿 …61
ケルプ …120-121
巻雲(すじ雲) …20
巻積雲(うろこ雲、いわし雲) …20
巻層雲(うす雲) …20
光合成 …16, 54, 56-57, 120, 121
洪水 …14, 15, 22
高積雲(ひつじ雲) …21
酵素 …58, 59
高層雲(おぼろ雲) …21
構造プレート …17, 37
鉱物 …6, 32, 33, 35, 50, 51, 74
コウモリダコ …73, 108
氷 …6, 8, 11
国際宇宙ステーション …136-137
ゴミムシダマシ …64
コロンブス …124

さ

サーフィン …45
細菌 …51, 73, 108, 109, 133
サイクロン …22-23
砕波 …45
細胞 …54-55, 60-61, 74
細胞質 …54
細胞壁 …54, 55
細胞膜 …54, 55
魚 …72, 73, 75, 84, 100-109, 116
サケ …127
サケイ …65
砂漠 …40, 62-65
サバクゴファーガメ …117
サボテン …57, 64
サメ …73, 77, 81,100-101
サルガッソ海 …102
三角州 …27
三峡ダム …127
サンゴ …70, 118-119
サンゴ礁 …10, 36, 37, 72, 90, 91, 106, 107, 118, 119
酸性 …33, 34, 77
酸素 …16, 56, 61, 70, 71
サンライト・ゾーン(有光帯) …73
産卵 …78, 90, 102, 115
潮だまり …48, 82
潮の満ち引き …48-49, 82
師管 …56
視床下部 …67
地震 …45
止水栓 …130
シスト …81
地すべり …45
湿地 …10
湿度 …15
自転 …23, 40, 48-49
脂肪 …72, 111
シャチ …94-95
収斂進化 …111
ジュゴン …92
受精 …71, 78, 86, 106, 108, 109, 114, 115
循環系 …61
消化器系 …60
蒸散 …56
鍾乳洞 …35
蒸発 …18, 25, 27, 30, 31, 55, 57, 61
小惑星 …16, 77
触手 …78, 79
食虫植物 …58-59
支流 …26
進化 …16, 74-77, 111
侵食 …15
心臓 …61, 66, 67
腎臓 …61, 63, 67
浸透 …54, 55

巣 …98, 104
巣穴 …98
水蒸気 …6, 11, 18, 19, 24-25
彗星 …9
吹送距離 …44
水力発電 …126-127
スクリーニング …132
スクリュー型タービン …127
砂浜 …47
スノーボール・アース …16
スプラッシュ・テトラ …104-105
セイウチ …94
精子 …70, 71, 78, 90, 106, 109, 114, 115, 121
積雲(わた雲) …18-19, 20, 21
脊椎動物 …75
積乱雲(にゅうどう雲) …18-22
セグロウミヘビ …112-113
石灰岩 …30, 34, 35
赤血球 …60
節水 …131
層雲(きり雲) …20, 21
層積雲(うね雲、くもり雲) …21
藻類 …73, 74, 82, 90, 93, 109, 115, 118-119, 120

た

タービン …126, 127
大気 …8, 14
大西洋 …26, 40, 42, 43, 44, 100, 102, 103
堆積物 …26
台風 …14, 22-23
太平洋 …36, 44, 72, 97, 100, 112
太陽 …10, 11, 56
大陸 …17
大量絶滅 …76, 77
高潮 …22
滝 …15, 26, 28-29
滝つぼ …28, 29
タコ …111
脱水状態 …62-63, 66
脱皮 …84, 89, 112
タテジマキンチャクダイ …106
谷 …26, 27
タマキビ …82-83
ダム …126-127
淡水(塩分をふくまない水) …8, 9, 129
地殻 …36, 37, 50
地下水 …8, 10, 30-31, 32
地球温暖化 …42, 119
中生代 …110
チューブワーム …51
超高層ビル …134-135
潮力発電 …126
貯水池 …126
津波 …45
泥水泉 …33
テマリカタヒバ(復活草) …63
天気(天気に関係すること) …14, 18-25
電気(電気に関係すること) …126-127
点滴灌漑 …128
トイレ …131, 132, 136
糖 …56, 121
洞窟 …15, 34-35
頭足類 …111
毒針 …78
毒 …79, 90, 112
トワイライト・ゾーン(薄明帯) …73

な

ナイアガラの滝 …15
ナマコ …91
波 …44-45, 46, 47
南極環流 …41
南極大陸 …39, 41, 42, 43,
二酸化炭素 …34, 56
虹 …14, 29
ニシツノメドリ …98
ニホンザル …33
尿管 …61
尿 …10, 60, 61, 63, 66, 67, 136-137
ニンフ(若虫) …88-89
熱水噴出孔 …32, 50-51, 74
熱帯雨林 …115
熱帯低気圧 …22
脳 …66, 67
農薬 …30
のどがかわく …66-67

は

葉 …7, 55, 56, 57
排水 …131, 134
排水管 …131, 132, 134, 135
排泄系 …61
白亜紀 …17
爬虫類 …76
白血球 …60
ハリケーン …22-23
ハワイ諸島 …36
パンゲア …17
パンサラッサ海 …17
板皮類 …75

氾濫原 …27
微生物 …74
ひょう …14
氷河 …11, 38-39
氷河時代 …39
氷河末端 …39
氷山 …15, 39
氷晶（氷の結晶）…18-19, 24
氷床 …39
表面張力 …7
肥料 …30
ヒレ …70, 92, 99
フィヨルド …39
不死身 …79
付着根 …121
プラスチックごみ …77
プランクトン …43, 70, 73, 102, 106, 108, 109, 118, 121
プリオサウルス …111
ブルーホール …35
ブルジュ・ハリファ、ドバイ …134-135
プレシオサウルス …111
ブロメリア …115
噴火 …36-37, 76
噴気孔 …32
ヘビ …64, 112-113
ペルー海流（フンボルト海流）…41
変温動物 …112
ペンギン …99
ベンゲラ海流 …41
貿易 …125
胞子 …120-121
防潮堤 …47
堡礁 …37
ホッキョクグマ …25
ポッド …94
ホットスポット …37
母乳 …93, 94, 96
ポリプ …79, 90, 91, 118, 119
ホルモン …67
ポンプ …135

ま

巻き貝 …80, 81, 82-83
マグマ …32, 36
マナティー …77, 92-93
マリアナ海溝 …72
マングローブ …57
マンタ …70
満潮 …48-49, 82
マントル …37
マンボウ …101
三日月湖 …27
ミジンコ …58, 84-85
湖 …15
水かき …70
ミズクラゲ …78-79
水処理装置 …137
水たまり …6, 84, 85
水の循環 …10-11
水分子 …6, 7, 11
みぞれ …20
ミッドナイト・ゾーン（暗黒帯）…73
無性生殖 …80, 84
無脊椎動物 …75
メキシコ湾流 …40-41
メダカ …84, 107
木星 …19
モロクトカゲ …64

や

ヤツメウナギ …75
山 …26, 27
有性生殖 …80
雪 …11, 14, 20, 24-25, 26, 38
雪の結晶 …24-25
葉緑素 …56, 119
葉緑体 …54

ら

ラクダ …62-63
ラッコ …95
乱層雲（あま雲、ゆき雲）…21
リサイクル（リサイクルに関係すること）…132-133, 136
両生類 …71, 76, 114-117
ろ過（ろ過に関係すること）…61, 128,132-133, 136-137

わ

わき水 …30
ワナ …58, 59
ワニ …77

Acknowledgements

The publisher would like to thank the following for their kind permission to reproduce their photographs:

(Key: a-above; b-below/bottom; c-centre; f-far; l-left; r-right; t-top)

6 Dreamstime.com: Paop (bl). **6-7 123RF.com:** Polsin Junpangpen. **7 Alamy Stock Photo:** ACORN 1 (ca); Nature Picture Library / SCOTLAND: The Big Picture (bl). **Dreamstime.com:** Flatbox2 (cl); Okea (br). **naturepl.com:** Jussi Murtosaari (tc). **8-9 123RF.com:** Polsin Junpangpen. 9 NASA: Goddard Space Flight Center Scientific Visualization Studio (cra). 10-11 123RF.com: Polsin Junpangpen. **14-15 123RF.com:** Polsin Junpangpen. **14 123RF.com:** nasaimages (tr). Dreamstime.com: Leonidtit (cl); Mike Ricci (crb); Phanuwatn (br). Getty Images / iStock: PongMoji (clb). 15 123RF.com: Anna Yakimova (cb). Alamy Stock Photo: Frans Lemmens (cla). **Dreamstime.com:** Bidouze St¥É_phane (crb). **Getty Images / iStock:** Ray Hems (tr); phototropic (bc). **16 Getty Images / iStock:** Photon-Photos (cb). **17 Alamy Stock Photo:** Stocktrek Images, Inc. / Walter Myers (cb). **18 Getty Images / iStock:** mdesigner125 (bc). **19 Dreamstime.com:** Gino Rigucci (bl). **Shutterstock.com:** Pike-28 (br). **20 Dreamstime.com:** Parin Parmar (cra). **21 Dreamstime.com:** Jarosław Janczuk (tc); Lesley Mcewan (clb); New Person (cra). **23 Alamy Stock Photo:** Paul Wood (br). **Getty Images:** Jose Jimenez (cra). **NOAA:** (crb). **25 123RF.com:** Andrew Mayovskyy / jojjik (cra). **Getty Images:** E+ / ra-photos (br). © **Jenny E. Ross:** (crb). **27 Dreamstime.com:** Tomas Griger (br). **Getty Images:** Michele Falzone (crb). **naturepl.com:** Doug Allan (cra). **29 Depositphotos Inc:** MyGoodImages (tr). **Shutterstock.com:** Eva Mont (crb). **30 Depositphotos Inc:** ilfede (bc). **30-31 Alamy Stock Photo:** Gerner Thomsen (bc). **31 Dreamstime.com:** Igor Groshev / Igorspb (bc). **33 Alamy Stock Photo:** Jerónimo Alba (crb); Peter Adams Photography (cra); Nature Picture Library / Anup Shah (br). **35 Alamy Stock Photo:** Rupesh Sethi (crb); Tom Till (cra). **Dreamstime.com:** Jon Helgason (br). **36 NASA:** Jacques Descloitres, MODIS Rapid Response Team / GSFC (bl). **36-37 Shutterstock.com:** Deni_Sugandi (bc). **37 Alamy Stock Photo:** ARCTIC IMAGES / Ragnar Th Sigurdsson (bc). **39 Dreamstime.com:** Javarman (tr). **NASA:** Goddard Space Flight Center Scientific Visualization Studio (crb). **40 Getty Images / iStock:** abriendomundo (bl). **41 Alamy Stock Photo:** Robertharding / Christian Kober (br). Fotolia: Yong Hian Lim (bl). **42 Dreamstime.com:** Raldi Somers / Raldi (bl). **42-43 Dreamstime.com:** Martin Schneiter (bc). **43 123RF.com:** Yongyut Kumsri (bc). **44 Getty Images / iStock:** andrej67 (br). **45 Getty Images / iStock:** RyuSeungil (bl). **46 Shutterstock.com:** EPA-EFE / Darren Pateman (cl). **47 Alamy Stock Photo:** Husky29 (bl); mauritius images GmbH / Reinhard Dirscherl (cr). **51 NOAA:** Mountains in the Sea Research Team; the IFE Crew; and NOAA / OAR / OER. (crb); Pacific Ring of Fire 2004 Expedition. NOAA Office of Ocean Exploration; Dr. Bob Embley, NOAA PMEL, Chief Scientist. (tr). **54 Alamy Stock Photo:** Nigel Cattlin (bl). **Getty Images / iStock:** alexei_tm (cla). **54-55 123RF.com:** Polsin Junpangpen. **55 Alamy Stock Photo:** Nigel Cattlin (crb). **Getty Images / iStock:** alexei_tm (cra). **57 Alamy Stock Photo:** mediasculp (tr). **Getty Images / iStock:** E+ / apomares (br). **58 Robert Harding Picture Library:** Okapia / Hermann Eisenbeiss (ca). **59 Alamy Stock Photo:** Avalon.red / Oceans Image (crb); imageBROKER / Siegfried Grassegger (tr); PF-(usna1) (ca). **naturepl.com:** Pete Oxford (bc). SuperStock: Minden Pictures (clb). **60 Getty Images / iStock:** E+ / chee gin tan (bc). **60-61 Getty Images / iStock:** Rodrusoleg (bc). **61 Shutterstock.com:** Maximumm (br). **63 Dreamstime.com:** Liliia Khuzhakhmetova (br). **naturepl.com:** Simon Colmer (tr); David Shale (cr). **64 Alamy Stock Photo:** Andrew DuBois (crb). **naturepl.com:** Michael & Patricia Fogden (cla). **SuperStock:** Minden Pictures / Buiten-beeld / Chris Stenger (tr). **65 Dreamstime.com:** Igor Kovalchuk (ca). **naturepl.com:** Melvin Grey (cra). **66 Dreamstime.com:** Björn Wylezich (bc). **66-67 123RF.com:** Balash Mirzabey (bc). **67 Dreamstime.com:** Valmedia Creatives (br). **70-71 123RF.com:** Polsin Junpangpen. **70 123RF.com:** Marc Henauer (tr). **Alamy Stock Photo:** Wildestanimal (cl). Dreamstime.com: Aquanaut4 (clb). **Getty Images:** Roland Birke (crb). **naturepl.com:** Fred Bavendam (br). **71 Alamy Stock Photo:** Andrey Nekrasov (br); WaterFrame_fba (cla). **Dreamstime.com:** Steven Melanson / Xscream1 (tr). **naturepl.com:** Doug Allan (crb). **Shutterstock.com:** Arm001 (cb). **72 Alamy Stock Photo:** BIOSPHOTO / Sergio Hanquet (cb); Paulo Oliveira (cl). **Dreamstime.com:** Vitalyedush (cra). **73 naturepl.com:** Solvin Zankl (clb). **74 Alamy Stock Photo:** Allstar Picture Library Ltd. (cl). **75 Alamy Stock Photo:** Nature Photographers Ltd / Paul R. Sterry (cl); Martin Shields (cra). **Dreamstime.com:** Photographyfirm (ca). **76 Alamy Stock Photo:** Sabena Jane Blackbird (c). **Dreamstime.com:** Tjkphotography (cla). **77 Alamy Stock Photo:** John Henderson (crb); R Kawka (cb). **Getty Images:** Cavan Images (bl). **naturepl.com:** Mark Carwardine (c). **79 Alamy Stock Photo:** Images & Stories (br); Stephen Frink Collection (tr); Visual&Written SL / KELVIN AITKEN / VWPICS (crb). **81 Alamy Stock Photo:** Nature Picture Library / Franco Banfi (br); Paulo Oliveira (cra). **82 Alamy Stock Photo:** Buiten-Beeld / Nico van Kappel (bc). **82-83 Alamy Stock Photo:** FLPA (bc). **83 Getty Images / iStock:** AlbyDeTweede (br). **naturepl.com:** Robert Thompson (bc). **84 Alamy Stock Photo:** blickwinkel / Hartl (clb). **Dreamstime.com:** Mirkorosenau (cla). **Science Photo Library:** Eye Of Science (bl). **87 Alamy Stock Photo:** Minden Pictures (crb); Andrey Nekrasov (br). **naturepl.com:** Gary Bell / Oceanwide (cra). **89 Alamy Stock Photo:** Bazzano Photography (br); blickwinkel / F. Teigler (crb). **naturepl.com:** Eduardo Blanco (cra). **91 Alamy Stock Photo:** Agefotostock / Georgie Holland (crb); Andrey Nekrasov (cra). **Dreamstime.com:** Selahattin Ünsal Karhan / Porbeagle (br). **92 Alamy Stock Photo:** imageBROKER / Norbert Probst (bl). **92-93 Alamy Stock Photo:** Michael Patrick O'Neill (bc). **93 Alamy Stock Photo:** WaterFrame_fur (br). **94 Dreamstime.com:** Marc Henauer (br). **Getty Images / iStock:** E+ / SeppFriedhuber (bl). **95 Getty Images / iStock:** Frankhildebrand (br). **97 Dreamstime.com:** Michael Valos (br). **Getty Images:** Sjoerd Bosch (cr). **naturepl.com:** Todd Pusser (cra). **98 Alamy Stock Photo:** Mike Read (bl). **98-99 Alamy Stock Photo:** FLPA / Richard Costin (bc). **99 Dreamstime.com:** David Herraez (br). **100 Dreamstime.com:** Ben Mcleish / Benmm (bl). **101 Dreamstime.com:** Oreena (bl). **naturepl.com:** Jurgen Freund (br). **102 Alamy Stock Photo:** Nature Picture Library / Claudio Contreras (br); Scenics & Science (bl). **103 Alamy Stock Photo:** Nature Picture Library (br). **104 Alamy Stock Photo:** Nature Picture Library (bl). **Shutterstock.com:** SergeUWPhoto (br). **105 Dreamstime.com:** Shakeelmsm (bl). **106 Alamy Stock Photo:** Reinhard Dirscherl (bl); Fabrice Bettex Photography (br). **107 Alamy Stock Photo:** Helmut Corneli (br); National Geographic Image Collection (bc). **108 Alamy Stock Photo:** Nature Picture Library / Solvin Zankl (tl). **SuperStock:** Steve Downeranth / Pantheon (tc). **109 Alamy Stock Photo:** Nature Picture Library / Doug Perrine (tr). **Science Photo Library:** Sonke Johnsen / Visuals Unlimited, Inc. (tl). **111 Dorling Kindersley:** Hunterian Museum University of Glasgow (tr). **Getty Images / iStock:** borchee (br). **112 naturepl.com:** Mike Parry (bc). **113 Alamy Stock Photo:** Nature Picture Library / Pete Oxford (br); RGB Ventures / SuperStock / Scubazoo (bl). **115 Alamy Stock Photo:** blickwinkel / McPHOTO / RMU (br); Adrian Hepworth (cra); SBS Eclectic Images (crb). **116 naturepl.com:** Piotr Naskrecki (bc); Visuals Unlimited (bl). **117 Dreamstime.com:** Isselee (br). **119 Dreamstime.com:** Melvinlee (tr). **Getty Images / iStock:** vojce (cr). **naturepl.com:** Kevin Schafer (br). **121 Alamy Stock Photo:** Premaphotos (tr); Scenics & Science (cra). **Getty Images:** Moment / Douglas Klug (br). **124-125 123RF.com:** Polsin Junpangpen. **124 123RF.com:** Phuong Nguyen Duy (tr). **Dreamstime.com:** Jaoueichi (br). **Getty Images / iStock:** danefromspain (cl). **125 Dreamstime.com:** Lightfieldstudiosprod (tc). **Getty Images / iStock:** chuyu (b); MAGNIFIER (ca). **126 Alamy Stock Photo:** Les. Ladbury (tr). **127 Alamy Stock Photo:** Global Warming Images / Ashley Cooper (cla). **Getty Images:** The Image Bank / Kim Steele (cra). **Getty Images / iStock:** Reimphoto (tc). **128 Dreamstime.com:** Heritage Pictures (tr); Nd3000 (cr). **129 Dreamstime.com:** Suwin Puengsamrong (tc). **Shutterstock.com:** Kent Raney (cr). **131 123RF.com:** Chayatorn Laorattanavech (cra). **Dreamstime.com:** Nikkytok (crb); Igor Yegorov (br). **132 Dreamstime.com:** Ludmila Smite (bl). **133 Getty Images / iStock:** Picsfive (br). **134 Getty Images / iStock:** pidjoe (br). **135 Alamy Stock Photo:** Picture Partners (bc). **136 Alamy Stock Photo:** Geopix (bc); NG Images (br). **137 NASA:** JSC PAO Web Team / Amiko Kauderer (bc)

DK would like to thank:

Helen Peters for compiling the index and Caroline Stamps for proofreading.

About the illustrator

Sam Falconer is an illustrator with a particular interest in science and nature. He has illustrated content for publications including National Geographic, Scientific American, and New Scientist. This is his second children's book.